電鍋料理王

飯麵鹹點、湯品甜食、家常料理、大宴小酌……
廚房大小菜,電鍋就能做!

Amanda—著

晨星出版

　　電鍋在台灣廚房家電占有很重要的位置，而它深受大眾喜愛的最主要原因就是方便，開關一按，生米就煮成了熟飯，對怕麻煩又需要自己煮飯的人來說，真的是個偉大的發明呢！

　　早期電鍋就只是一個單純的煮飯鍋，隨著科技的日新月異，它的煮飯功能早已經被電子鍋給替代，不過電鍋並沒有因此而沒落，這自然是因為它的「多功能」，除了煮飯外，它還能燉湯、蒸煮料理，甚至還能煎炸食物，就連鍋具的材質也由早期對健康有害的鋁製品，改成了健康的不鏽鋼，也因為這些原因，成就了電鍋「不敗」的廚房地位。

　　還記得小五時，媽媽要我每天放學回到家先煮一鍋白米飯，當時家裡還沒有電鍋，用的是瓦斯爐，煮一鍋飯得一直在旁邊顧著爐火，從大火、中火、小火，再到微火，循序漸退，可是，當時年紀還小的我貪看電視，一不注意時間忘記調火，一鍋飯就焦了三分之一。就這樣連續煮了一年，家中才有電鍋，在當時，用電鍋煮飯可是非常方便又不會把飯燒焦的實用好家電。

　　電鍋一直是我的料理幫手，結婚後購買的第一個廚房小家電仍是電鍋，因為我已經非它不可。工作忙碌之餘還要下廚，有它幫我燉湯及蒸煮食物，節省了許多時間也免於忙亂，再加購蒸籠、蒸盤，可以一鍋同時做出兩、三道菜，蒸饅頭、蒸包子，許多家常菜餚都可以用它來完成。

本書所收藏的料理，包含了蒸、煮、炒、炸、滷等菜譜，料理過程只使用電鍋，主要也是為了許多只有一台電鍋的朋友所設計。當然，若你身邊還有其他料理爐具或瓦斯爐，炒、炸、滷的菜色仍然可以用那些鍋具代替。

　　因為自己很習慣用電鍋做料理，也一直以為大家都知道電鍋的萬用，直到有一天，媽媽突然問我，為什麼她用電鍋蒸出來的魚又乾又硬？問她外鍋放了幾杯水，原來她擔心魚蒸不熟，所以放了兩杯水。後來，我甚至還發現，媽媽竟然也不知道一杯水是可以蒸上20分鐘的！看來我自認為方便又好用的電鍋並非人人都知道該怎麼使用，因為不只我媽媽不知道，我在社區教學時，也發現現場有很多已經有了點年紀的媽媽們，對電鍋的「多用途」也並不是那麼清楚，總以為電鍋只能煮飯、燉湯、煮粥、蒸東西而已，這是多麼可惜啊！

　　不過，很多事就是這樣，學了就會了，因此我習慣在部落格分享食譜，若是可以使用電鍋時，我總會特別提醒，希望大家別把這麼好的鍋具擺在一旁當擺飾，甚至收藏著不使用，浪費了一個這麼好用又方便的小家電。

目錄

Part 1
美味甜點

Part 2
中式鹹食

c o n t e n t s

Part 3

家常菜料理

　　電鍋是一個簡單又容易操作的廚房小家電，不管你懂不懂料理，只要稍微懂得電器的基本使用方式，應該就不太會有使用上的困難，這也是電鍋之所以成為很多單身、小家庭，或因工作忙碌少在家中開伙的人，廚房裡必備電器首選的原因之一，至於一般擁有各種廚房家電的家庭，電鍋當然也是必備品。

　　如果你仍舊只用它來煮飯、燉湯、蒸食或加熱食物，那就太浪費這一台萬用的廚房家電了，它可以蒸、煮、煎、滷、炒、燉，甚至還有你意想不到的油炸功能，不相信嗎？仔細看看這本書就會全知全曉。本書所示範料理已經把這些料理方式都涵蓋其中，甚至部分料理還需要 2~3 項烹調方式才得以完成，但不管需要幾種烹調方式，都只有一個原則，那就是──一鍋搞定，而這個「鍋」指的就是電鍋。

就是我！

鋁鍋好，還是不鏽鋼鍋好？

目前市面上電鍋有兩種材質，一種是傳統的鋁製鍋具，這種應該有很多婆婆媽媽都還在使用，因為當年開發的產品非常優質，不僅導熱迅速，甚至用幾十年也不會壞，最多就是插頭燒了，再換一條新品，鍋子仍舊可以繼續使用。

不過根據研究，鋁製材質的電鍋經過長時間燉煮，或是加入酸性物質，會溶出人體不易代謝的鋁，長期吃進過量含鋁的重金屬食物，不但對骨骼不好，也有可能引發失智症，所以，鋁製鍋具最好不要直接接觸食物加熱，換句話說，在使用鋁製電鍋時，除了蒸和煮之外，其他的烹調方式都不適用，想讓電鍋的功能發揮到淋漓盡致，最好還是選擇不鏽鋼材質，如此就可以避免長時間烹調導致把重金屬都吃下肚的後遺症發生。

不鏽鋼材質除了好清洗，用途也很廣泛，直接接觸食物更沒問題，連鍋底都可以拿來煎炒、滷及油炸。本書所使用的電鍋就是不鏽鋼鍋，扣除創意料理部分，每一道主料理都只用電鍋烹調，不需再用其他鍋具，建議使用鋁製鍋具的朋友們最好還是換購不鏽鋼鍋具，不僅方便，更為了健康。

善用電鍋配件，為料理加分

　　接著來了解，用電鍋做點心、料理需要的器具有哪些，以及使用電鍋該注意的事項為何。

　　電鍋配件固定有一個內鍋、一個蒸盤、一個蒸架、一個量杯，有些廠牌電源線是分開的，以防萬一電線燒壞，只需再添購電源線即可。主機體就是主鍋，也稱為外鍋，在蒸煮食物時，水是加在外鍋，內鍋只有燉煮料理時才需要加水。因為是蒸煮料理，除非食材本身會吸水膨脹，例如米飯，內鍋的水幾乎是只增不減的（因水蒸氣會增加水分），因此燉煮前先確認食材本身是否會吸水，以免加了太多，煮好變成一大鍋湯，稀釋掉食材原本的味道。

外鍋的水量決定食物的風味

　　電鍋啟動時溫度不高，大約在 100 度上下，因此陶瓷餐具、陶製碗盤、燉盅、鋁箔盒，只要能耐熱 120 度左右都可以放置蒸架入鍋蒸煮，不需要為了電鍋再購買特殊餐具。一鍋做兩道料理時，只要下方食物不超出餐具高度，覆蓋上蒸盤就可再疊上一盤食物一起蒸煮，若

電鍋和他們的工作夥伴

內鍋
（最好是不鏽鋼製）

內鍋蓋

蒸架

蒸盤

量杯

鍋夾

蒸籠

蒸籠蒸盤

兩種食物蒸煮的時間不同，底部擺放所需時間較長的料理，上面則是時間較短的料理。

不需要特別計時，外鍋加水就能控制時間。一杯量米杯的水大約可煮 20 分鐘，火侯約是瓦斯爐的小火；少部分廠牌的蒸煮時間為 15 分鐘，約瓦斯爐的中小火。外鍋底部水分燒乾時，開關會自動跳停，取出上方食物，外鍋再加水烹調底下食物，如此可節省料理時間，也更節省能源。

蒸煮最重要是拿捏外鍋該加多少水，一片魚厚度約 0.8 cm，只需要 0.7~1 杯水就能蒸熟，千萬別以為它需要加一大堆水，尤其是旗魚，蒸過頭肉質就老了。

蒸蛋（茶碗蒸）時，千萬別把鍋蓋蓋死，否則蒸好會有如月球表面，充滿坑洞般的氣孔，不會是漂亮的鏡面。米飯類不分哪種米，煮好都需要再燜一下，最好燜 10 分鐘以上，才能避免半生不熟的窘境，雖然事後可再用外鍋加水蒸，不過絕對沒有一氣呵成那樣美味，這一點一定要特別注意。

除了隨機附上的配件，也可再加購蒸籠或高鍋蓋搭配使用，蒸籠的寬度會比電鍋底盤略寬，可應用在蒸饅頭、包子，以及不方便擺放電鍋底的大餐盤。高鍋蓋則可搭配蒸架或小蒸盤，適合一鍋煮二至三道菜。大蒸盤也可直接擺在電鍋上，蒸煮時更方便。

使用電鍋必須特別注意，當料理完成時會自動保溫，也並非每次開關跳停即可取出食物，馬上取出或是拔除電源可能會造成食物半生不熟，除了料理之外，也可以拿來熱菜、溫包子饅頭，依我的經驗，從冷凍庫取出的包子饅頭，外鍋加水 1～1⅓ 杯，蒸好再燜 2 分鐘就能享用了。

用完別只放著，清潔保養一樣重要

每次使用完畢請記得拔除電源，因為它會持續保溫，除了造成能源浪費，也很危險。食物不適合長時間擺放在電鍋內，保溫熱度約略 60 幾度，只能 2～3 小時短暫保溫，長時間保溫熱度不夠，反而會造成食物腐敗，不可不注意。

使用外鍋做料理則必須每次使用完畢清洗乾淨，先移開電源線，內部可用碗盤清潔劑，外側用濕布擦拭即可，記得別把鍋子泡在水槽裡，底部的電源線是不能浸水的。

此外，電鍋使用時溫度雖不高，但至少也有 100 多度，因此置放位置很重要，太高不易拿取食物，若家中有嬰幼兒也不宜放置過低，才能避免不必要的危險。

Part 1

美味甜點

早上想吃健康的早點，黑糖堅果饅頭是很不錯的選擇；

下午想吃點點心，羊羹和涼糕都可以考慮，

夏日午後或是吃完正餐後，想吃個甜點，西米露也能自己做來喝。

只要有電鍋，想吃什麼就做什麼，你也能輕鬆做到呢！

黑糖堅果饅頭

🍚6人份　⏰100分鐘

　　黑糖跟堅果是公認的健康養生食物、黑糖製品在市場上一直很熱門，不過一些黑心無良商人卻在健康的黑糖中加入香精，只為了造假出它的香氣，為什麼這樣，有時消費者也需要負一部分的責任，如果我們在選購食材時，不會因為不香、不甜、不美觀而捨棄，也不會讓商人有機可乘，添加這些不健康的化學原料在天然的食材中了。

　　因此，每每我總會刻意挑選天然黑糖，並且盡可能自己動手做不含香精、不含添加物，有自然香氣的黑糖饅頭，讓家人吃得到美味也不傷害健康。

　　黑糖光是加水融化一定不夠香，要增加香氣其實也不難，多一個炒糖步驟就可多一分糖香。乾鍋把糖炒出焦香，再加水把糖塊煮化，放涼後就可以取用，炒糖熬煮的時間很快，約略只需6~8分鐘。方法與製作焦糖相同，熬好的糖液也可以拿來做其他用途，乾炒過的黑糖特別香，且不像砂糖那樣甜膩，糖液加入甜湯、豆花，夏天做剉冰都適合。

材料：

中筋麵粉 600g、黑糖 140g、速發酵母粉 7g、水 320～340cc、
核桃 7 大匙、腰果 7 大匙

麵糰及炒糖製作：

1. 電鍋壓下電源烘乾鍋底，加入黑糖，炒溶至濕潤顆粒帶有焦香味，加水
   270cc，待電源跳起（保溫），煮到顆粒變小，倒出糖液放涼。❶

   Tip 炒過黑糖鍋底溫度高不需再加熱，水就會滾煮。約 1 分鐘可把糖塊煮化。

2-1.麵粉過篩，確實過濾出顆粒，用手壓散。❷

2-2.酵母粉加水 50cc 攪拌溶化。

   Tip 夏天使用冷水拌酵母，冬天可用約 30 度的溫水。

3. 麵粉攤開加入涼黑糖液及酵母水，用筷子攪拌至不見糖液。❸、❹

   Tip 預留的 20cc 水視麵糰濕潤度添加。

4. 用手將乾粉揉進麵糰，先不加水，免得太過濕潤。❺、❻

   Tip 揉麵過程若覺得太過乾硬，挖開麵糰再加水，每次水量以 10cc 為限，再將麵糰揉勻。

5. 兩手一起揉麵糰至表面光滑,擺回原來鋼盆,蓋上濕布巾,麵糰發酵時間視當日氣溫而定,時間 30~50 分鐘不等,室溫超過 32 度發酵時間會加快,約 30 分鐘即可完成。❼、❽

6. 工作檯灑少許乾麵粉,取出麵糰,桿麵棍桿開成長方形。❾、❿

7. 麵糰上均勻擺上碎核桃及片狀腰果。⓫

Tip 堅果略微按壓才能避免掉落。

8-1.麵糰往前捲裹成圓柱形,均等切每份麵糰 4 cm 寬。⓬、⓭

Tip 捲裹不宜太鬆,免得堅果掉落。

8-2.蒸籠鋪饅頭紙或烘焙紙,每張間隔至少 2 cm,切好麵糰擺入。

9. 第二次發酵時間約 20~40 分鐘,冬天可插上電源用保溫功能以加快發酵。⓮

10. 麵糰再次膨脹,外鍋加 1 杯水,蒸煮饅頭。⓯

11. 蒸好後燜 3 分鐘,即可取出。

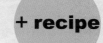

+ recipe

　　我喜歡把饅頭切片再油煎，類似法式吐司的作法，不過添加不同油脂的麵糰，麵體口感本不一樣，食用口感自然也截然不同。

　　沾裹蛋液油煎過的饅頭多了蛋香非常可口，不必擔心油膩，因為使用的油脂量非常少，算是半烘半煎，只要小火把饅頭烘熱蛋液煎熟，調理前饅頭需先退冰至室溫狀態，才不容易煎焦。

蛋香Q饅頭

材料
黑糖饅頭 1 顆、雞蛋 1 粒、植物油或奶油 1 大匙

作法

1. 饅頭橫切 1cm 厚度。
2. 將蛋液打散。
3. 饅頭片分批浸入，均勻裹上蛋液。
4. 平底鍋開小火，油入鍋融化，不需高溫。
5. 饅頭片擺入，小火煎烤至兩面蛋液熟透帶焦香即可。

綠豆羊羹

🍚 10 人份　⏰ 80 分鐘

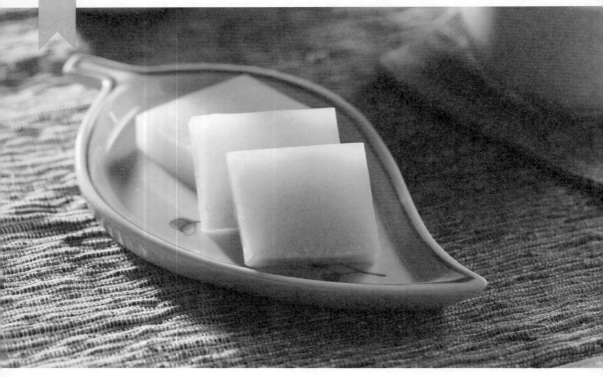

　　我個人很喜歡羊羹，尤其鍾愛它Q彈綿密的口感，但市售品大多非常甜膩，所以總是盡可能忍住不吃多。不過只要到了花蓮玉里，還是會前往當地名店採買，因為只有這裡才能買到七分糖不死甜的羊羹。

　　偶爾我也會自己做，除了減糖之外也不含防腐劑，就算口感差些又何妨？至少吃得安心也吃得更健康，不過也因為減糖較容易腐敗，若食用人口不多，可將這食譜配方減少一半分量，免得食用過久壞了反而浪費食物。

　　食譜中使用的都是清水，若喜歡茶的味道，可沖泡烏龍茶湯代替部分的水。茶不需要同時煮，等前置作業煮好了再加入茶湯即可，但是茶最好濃一些，才不會稀釋後沒味道，白忙一場。

材料：

洋菜條 10~12g、水 600cc、水麥芽 80g、細砂糖 50g、綠豆沙 450g、
10 吋圓形鋁箔盒 1 個或長方形鋁箔盒 2 個

綠豆沙作法：

材料：

去殼綠豆仁 2 杯、水 4 杯、白砂糖 100g

作法：

1. 綠豆仁清洗乾淨，加水 4 杯浸泡 2 小時。❶

2. 電鍋外鍋加水 1.5 杯，綠豆仁擺入煮熟，時間 30 分鐘。

3. 趁熱加入白砂糖，取打蛋器順時鐘攪拌使砂糖溶化，綠豆仁也拌碎。❷、❸、❹

4. 放置完全涼透再取用。

羊羹作法：

作法：

1. 洋菜條剪短，加水浸泡 1 小時。❺

> **Tip** 洋菜多寡會影響軟硬度，可視個人喜好增減。

2. 洋菜加水，將水麥芽、白砂糖放入電鍋中，外鍋加水 1.5 杯，煮至完全溶化沒有顆粒。❻、❼

> **Tip** 建議用打蛋器攪拌較容易攪散。

3. 外鍋再加水 2/3 杯，加入綠豆沙 450g，攪拌均勻。

4. 按下開關再煮到食材味道融合。

5. 慢慢倒入鋁箔盒，撈除表面泡沫及氣泡。❽

6. 放置完全涼透，置入冰箱冷藏半日。

7. 切塊食用。

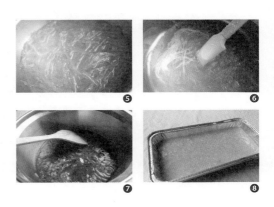

羊羹添加的是洋菜，因此加熱會溶化，若想喝熱甜湯可以利用這個特點；希望保持原狀當然就是冷冷地吃囉！所以添加的紅茶必須事先放涼後才能加入。

羊羹紅茶

....

材料
羊羹 3 片、紅茶 2 包、水果乾 1 匙、新鮮水果丁 1 大匙、
黑糖 1 大匙、冰塊少許

....

小技巧
紅茶可以改用烏龍茶或抹茶。

作法

1. 紅茶用 400cc 熱開水泡開，取出茶包，加入黑糖拌勻，
   紅茶放置涼透。
2. 羊羹擺入茶碗，茶湯由杯緣倒入，以免起泡。
3. 加入冰塊冰鎮。
4. 灑上適量鮮果丁及水果乾。
5. 趁冰塊還沒完全融化，開動囉！

椰漿鮮果西米露

🍚 4 人份　⏰ 40 分鐘

　　西谷米（西米露）基本上就是超迷你的粉圓，口感跟粉圓相似，煮法也雷同，但是因為個頭小，烹煮時間也大大縮短，從下鍋燜到起鍋絕對不超出 30 分鐘，午後為孩子準備點心，只要提前半小時絕對足夠。

　　屬於澱粉的西谷米千萬別直接浸泡冷水，那可是會使它整個糊化散掉，一定要使用滾開的熱水，且水量也要西谷米的好幾倍，才不會一下鍋就成了一鍋超濃稠的米糊，不僅沒辦法煮、還會黏成一團，甚至燒焦。

　　煮西谷米之前，先準備好一鍋冷開水或是過濾水，熱呼呼的西谷米煮好後，必須得經過清水過濾才能濾出殘留澱粉，嚐到才會清爽是美味的西米露，而不是濃稠的米糊。

材料：

西谷米 100g、椰漿 400cc、白砂糖 90g、
愛文芒果 1 顆、奇異果 1 顆、冷開水 1600cc、
冰塊適量

作法：

1. 外鍋加水 2000cc，按下開關煮開。

2. 確認水滾開，加入西谷米，隨即攪拌避免黏鍋底。
   ❶、❷

   Tip｜倒西谷米時，別集中一處，邊加邊攪拌。

3. 蓋鍋蓋煮約 5 分鐘，掀蓋攪拌鍋裡的西米露，續
   煮 5 分鐘，再攪拌。

4. 西米露只剩下中心一點白，關閉電源，蓋鍋蓋燜
   約 10 分鐘熟透。

5. 撈出西米露，浸入 1000cc 冷開水中，漂洗去外層
   澱粉，撈出瀝乾。❸

   Tip｜浸冷開水可降溫，也可洗去多餘澱粉。

6. 600cc 冷開水加白砂糖拌勻，加椰漿及西米露。❹

7. 芒果、奇異果分別去皮，果肉切丁，加入西米露。
   ❺

   Tip｜水果產期不同，可視個人喜好更換。

8. 可置入冰箱冰鎮，或食用前加入冰塊。

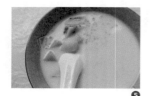

+ **recipe**

　　西米露含有澱粉，冰鎮一、兩天後會成為凍狀，但也只像是勾芡過濃，將它做成軟糕還需添加澱粉，這裡我採用蓮藕粉來塑形，軟糕偏軟不會太Ｑ，如果喜愛更Ｑ的口感，蓮藕粉再增加 1~2 大匙即可。由於西米露已經是熟食品，再回鍋不宜煮太久，容易熟過頭變得軟爛，因此這裡不使用生水而改用冷開水，只需攪拌成糊狀，不需煮開立即熄火，等候冷卻即可冷藏冰鎮。

西米露鮮果軟糕

材料
西米露 2 碗、蓮藕粉 7 大匙、冷開水 3 米杯、砂糖 2 大匙、
鮮果丁 3 大匙、蔓越莓果乾 2 大匙、椰漿 1 大匙

小技巧
也可擺入電鍋，外鍋加水 1/2 杯加熱，一樣攪拌成糊狀。

作法

1.　西米露離開冷藏室，室溫下退冰 20 分鐘。
2.　蓮藕粉加冷開水、糖拌勻，加入西米露、鮮果丁及蔓越莓果乾，擺放爐子開小火，持續攪拌煮成稠狀立即熄火。
3.　倒入鋁箔盒抹平表面，再端起輕敲桌面，以讓內部扎實，表面平均。
4.　放置完全涼透，置入冷藏冰鎮半天。
5.　切塊再淋上少許椰漿食用。

藕粉椰絲涼糕

🍚 5人份　⏰ 25分鐘

　　夜市攤位上常見的涼糕，大多是白色原味或加有紅色色素，這種涼糕會沾裹熟太白粉避免沾黏，還有一款在伴手禮市場占有一席之地的黑糖軟糕，沾裹的是熟黃豆粉，兩款口感都較軟Q，是喜愛甜食者熱愛的小點心。

　　這幾款涼糕都是使用地瓜粉或木薯粉製作來增加Q彈，且有個共同特性——往往偏甜，有些甚至還甜得嚇人，但最讓我擔憂的不只是它的高糖分，而是其中可能添加的防腐劑，尤其部分包裝品可以擺放一週以上，不得不令人質疑。

　　自己做的涼糕得在當天食用完畢，吃不完也必須冷藏才不會變質腐壞，經過冷藏的涼糕口感會有落差，但也不至於一定會變硬，若是口感不佳，取出食用只需在電鍋外鍋加水 1/5 杯蒸熱即可回軟，所以不必擔心得在一天內全部吃完。

　　這道食譜我改用更健康的蓮藕粉，不過市面上的蓮藕粉也有假貨，購買時請確認真偽。真品會呈現小片狀而非粉末，顏色略帶灰白，絕非漂亮的粉紅色。

材料：

蓮藕粉 150g、椰漿 200cc、水 250cc、
白砂糖 30g、椰粉 30g

作法：

1. 蓮藕粉置入小鍋加椰漿、白砂糖及
    冷水攪拌均勻。❶、❷

    Tip 蓮藕粉遇熱會溶化結成膠凍狀，因此
    需要使用冷水攪拌。

2. 電鍋外鍋加1杯水，藕粉湯鍋擺入，
    不蓋鍋蓋，按下開關。

    Tip 備好可耐熱的鍋鏟或木勺，蒸煮時攪
    拌用。

3. 擺進外鍋約 2~3 分鐘，溫度上升即
    開始攪拌鍋裡的藕粉糖液。❸、❹

    Tip 戴上防熱手套扶好內鍋，如此不但容
    易操作也可避免燙傷。

4. 持續攪拌到藕粉溶化，並成為濃稠
    軟糊狀後，關閉電源。❺

Tip 移出電鍋，利用鍋子餘溫再攪拌
均勻。

5. 趁熱倒入鋁箔盒，整形攤平。擺入
    電鍋，蓋上鍋蓋蒸煮，時間約 13
    分鐘。❻

    Tip 利用一開始加入外鍋的水蒸煮即可。

6. 取出藕粉糕等候完全降溫，置入冰
    箱冷藏 1~1.5 小時。❼

    Tip 冷藏後口感較佳。冬天可以不冷藏，
    降溫即可食用。

7. 取剪刀將涼糕剪成小塊狀，沾裹椰
    子粉食用。❽、❾

涼糕吃得有點膩嗎？那就加點糖水做熱甜點或是冰品吧，熱熱的紅豆湯加入藕粉涼糕味道很不錯喔！

夏日的高溫總讓我想起酸酸甜甜的檸檬愛玉，天然的果酸可以解膩。我偏愛有籽檸檬，除了外皮較為清香，檸檬汁也較酸且帶有香氣。檸檬汁最好要喝時新鮮現榨，如此才能保留更多維他命 C。此款涼糕冰鎮後口感依然軟 Q，因此我並未加熱，只待退涼加入檸檬糖水即可食用。

涼糕檸檬愛玉

材料
藕粉涼糕 1/2 碗、愛玉 1 碗、白砂糖 3 大匙、冷開水 3 碗、
新鮮檸檬 1 顆

小技巧
去除椰子粉甜湯較為清澈可口。

作法

1. 藕粉涼糕退涼，若已經沾裹椰子粉，用冷開水漂洗，把椰子粉稍微去除。
2. 涼糕可再剪小塊些。
3. 冷開水拌入砂糖溶化，加檸檬汁及冰塊。
4. 愛玉切小塊與涼糕一起加入檸檬糖水即可食用。

核桃黑糖糕

🥣 6人份　⏰ 50分鐘

　　我愛甜點，但又怕膩死人的甜。市售甜點總不免過甜，甚至還曾經看過麵粉和糖一比一添加的比例配方，勉強吃完一塊，就得喝下一大杯茶沖淡甜膩感。

　　蒸黑糖糕既簡單也不費時，真的只要把食材攪拌均勻，等候發酵入鍋蒸熟即可，若是願意多花個幾分鐘，事先把糖炒過，會更香更美味。自己做最大的優點，除了可以挑選自己喜歡的食材加入外，更能減糖、減油，甚至完全無油，隨著自己的飲食習慣做調整。

　　這份黑糖糕我的糖用量只有麵粉的1/3，味道微甜，很適合怕甜膩甚至不愛吃甜食的人，使用的核桃沒有經過烘烤，口感偏軟脆而不會過硬，與黑糖糕搭配一點也不覺突兀，反倒還能增添堅果的香氣。

　　早上蒸好放至午後涼透，剛好成為下午茶的最佳搭檔，不甜不膩ＱＱ的口感，總在不知不覺中又想拿取第二塊。比起添加油膩奶油的甜點，黑糖糕健康許多，偶爾貪嘴多吃也較沒有罪惡感。

材料：

低筋麵粉 250g、黑糖 70~90g、雞蛋 2 個、
水 250cc、酵母粉 3.5g、碎核桃 3 大匙、
熟白芝麻 2 大匙、8 吋鋁箔盒 1 個

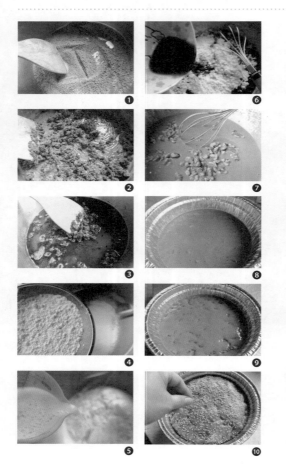

作法：

1. 電鍋外鍋洗淨，開啟電源，烤乾鍋底，
   加入黑糖乾炒，炒到濕潤溶化呈大顆
   粒狀。❶、❷

2. 加水 200cc 把大糖塊煮成小糖塊，僅留
   下保溫再拌炒 1 分鐘，倒出黑糖漿放
   涼。❸

   > Tip｜不需煮到糖塊完全溶化，水分會因此減少。

3. 酵母粉加 50cc 水拌開。

   > Tip｜冬天使用溫水可加速發酵時間。

4. 麵粉用細網勺過篩把顆粒弄散。❹

5. 蛋液打散，與黑糖水分批倒入麵粉中，
   攪拌均勻。❺、❻

   > Tip｜如若不添加雞蛋，需加入等量的水或鮮奶，
   > 約 110~120cc。

6. 加酵母水及核桃攪拌均勻。❼

   > Tip｜喜愛核桃可增量到 5 大匙。

7. 麵糊倒入鋁箔盒，拿起鋁箔盒輕敲讓
   氣泡破裂，擺放室溫下 30 分鐘發酵，
   使麵糊略微膨脹。❽、❾

   > Tip｜夏天不要超過 30 分鐘，冬日需加長到 40
   > 分鐘。

8. 外鍋加 1 杯水，置入蒸架，擺上黑糖
   麵糊蒸熟，續燜 5 分鐘取出。

9. 抓少許白芝麻均勻灑在蒸好的黑糖糕
   上裝飾增添香氣。❿

10. 取出黑糖糕，等完全涼透再切塊食用。

　　發現很多小朋友不愛黑糖糕，或許是不像西點蛋糕那樣花俏的緣故，若是加點煉乳或是巧克力肯定比較能吸引孩子們吧！若再藏一點香甜水果，除了增添口感外，味道也會更為香甜。

香蕉煉乳糕

材料

黑糖糕 2 塊、小包裝煉乳 1 包、香蕉 1/3 條、彩色巧克力米 1 匙

作法

1. 黑糖糕若經冷藏，先置入電鍋，外鍋加水 1/5 杯蒸熱。
2. 黑糖糕切成上下兩片，香蕉去皮切薄片。
3. 將香蕉片夾於兩片黑糖糕中，擺盤。
4. 煉乳撕去包裝邊角，淋在黑糖糕表面上。
5. 灑些彩色巧克力米做裝飾。

附注

煉乳可以用白巧克力代替，巧克力塊隔水加熱至半溶，熄火攪拌溶化即可使用。

雙Q圓綠豆湯

🍚 8人份　⏰ 100分鐘

　　九份芋圓已成了好吃芋圓的代名詞，即便你從沒去過九份，應該也聽過這裡的名產是芋圓，當然，芋圓並不是九份「獨賣」的商品，但就算大街小巷都能吃到，品質上還是有些差異。

　　有良心的商家會選用真正的芋頭製作，但某些店家的芋圓澱粉量明顯過多，可能是為了降低成本，還添加入色素及香精，不過，極有可能許多人吃不出來其中有何差別。

　　自己做Q圓，我總是盡量把澱粉比例抓低一些，只要有口感且不會散開就好，這樣就能吃到更多食材的原味及甜味，當然若你喜愛口感Q一點，也可把澱粉比例再多抓 10~20g，但請勿過量，免得吃進過多的澱粉。

材料：

1. 綠豆湯：綠豆 1 杯、二砂糖約 100g、水 12 杯
2. 芋圓：芋頭 200g、木薯粉 30~40g、太白粉約 1/3 杯
3. 地瓜圓：黃肉地瓜 200g、木薯粉 40~50g、太白粉約 1/3 杯

作法：

1. 綠豆洗淨，加水 12 杯浸泡 1 小時。
   ❶

2. 電鍋外鍋加 1 杯水，綠豆置入煮熟，加二砂糖拌勻，涼透置入冷藏。❷、
   ❸

3. 戴上手套，將芋頭和地瓜去皮，洗淨，各切成 0.5 cm 片狀，擺盤攤開。
   ❹

4. 電鍋外鍋加 1.5 杯水，擺入芋頭，上置蒸盤擺放地瓜，兩盤一起蒸熟。❺、❻、❼

   > **Tip** 蒸煮時間約 30 分鐘。地瓜水分多，最好加上蓋子。

5. 取出芋頭及地瓜，略微降溫即揉捏攪散開。❽、❾

   > **Tip** 不需要揉成泥狀，帶點小顆粒會更有口感。

❶ ❷ ❸ ❹ ❺ ❻ ❼ ❽ ❾

6. 地瓜泥和芋泥加入木薯粉揉捏拌勻，再略為搓揉，確認有Q度即可。⑩、⑪

Tip｜木薯粉不要一次全部加入，最好先加 2/3，剩餘 1/3 再慢慢加入調整軟硬度。

7. 工作檯確認乾燥後，撒上少許太白粉。地瓜及芋頭麵糰各分成 2~3 份。⑫

8. 取一塊麵糰揉圓，放置工作檯，用手掌前後滾動搓成橢圓長棍。

9. 直徑約 0.5cm，調整平均厚度，取刀子切寬約 0.8cm，切好立即灑上適量太白粉避免沾黏。⑬、⑭

10. 煮開一鍋水，芋頭及地瓜圓一起入鍋，湯匙推動鍋底避免沾黏。⑮、⑯

11. 芋圓浮出水面再煮約 2 分鐘膨脹，立即撈出浸入加有冰塊的冷開水中。⑰

Tip｜浸泡冰開水急速冷卻，可增加Q彈口感。

12. 撈出雙圓加入冰鎮過的綠豆湯中，再加些細碎刨冰會更美味。

Tip｜現煮現吃，雙圓不可浸泡糖水太久，再吸收水分口感會變軟。

⑩ ⑪ ⑫ ⑬ ⑭ ⑮ ⑯ ⑰

小提醒　芋圓、地瓜圓儲存方式
擺入袋子或保鮮盒，再用報紙包好放置冷凍庫。不可冷藏，水分容易乾枯，口感也會變差。

Amanda 的料理新吃法

曾經做了芋圓煮甜湯，因為老公不愛甜食，一日突發奇想，把芋圓拿來煮海鮮，發現味道竟然很棒！唯一的缺點是芋圓口感偏軟，如果不想口感太軟爛，煮好後可以先浸泡冰開水，食用時再取出加入熱湯，口感就不至於太軟。這回把兩種Q圓做成乾拌，真如預期般Q彈又美味，就跟拌入冰品一樣，不過卻是創新的鹹口味！找機會試試，相信你也會愛上麻辣海鮮鹹芋圓及地瓜圓。

+ recipe

麻辣海鮮雙Q圓

材料
地瓜圓 1 碗、芋圓 1 碗、鮮蝦 6 隻、中小型透抽 1 條、蔥白 1 段、薑 3 片、香菜 1 棵、芹菜末 1 匙、麻辣醬 1 匙、蠔油 1 大匙、油 2 匙

作法

1. 地瓜圓、芋圓從冷凍庫取出，不必退冰。
2. 約 1000cc 水煮開，持續大火，地瓜圓、芋圓下鍋，推動鍋底避免沾鍋。
3. 等水再次煮滾即改中火，持續煮到芋圓浮上水面，再煮 1~2 分鐘，撈出泡冰冷開水。
4. 透抽去除內臟，洗淨切圈狀。鮮蝦去殼，背部劃一刀抽出泥腸，洗淨。
5. 蔥白去根洗淨、拍破切段。香菜去根洗淨切末。
6. 平底鍋開小火，下 2 匙油炒香蔥白、薑片。
7. 改中大火，透抽、鮮蝦入鍋煎熟，熄火盛出海鮮，蔥薑丟棄。
8. 芋圓、地瓜圓撈出瀝乾，與鮮蝦、透抽拌入麻辣醬、蠔油、芹菜及香菜。

紅豆薏仁湯

🍚 8 人份　⏰ 45 分鐘

　　紅豆湯是媽媽對孩子的愛，從小到大每到夏天，冰箱裡不是紅豆湯就是綠豆湯，成年才知道，這些甜湯不僅是吃涼快，原來對身體都有不同的功效。

　　紅豆是補血食物，連皮一起煮湯還有助於利水利尿，只是如果要達到利水的功效，煮紅豆水時，不但不能把紅豆煮破，而且不能加糖，這樣對消水腫、代謝體內多餘水分的效果才會是最好的，如果煮到完全熟透，雖然還是有用，但效果會差一些，此外，不得不提醒大家，紅豆屬於澱粉類，可別因為太好吃而吃過多喔！

　　薏仁口感不像豆類那樣柔軟綿密，或許也因為如此，孩子們並不愛，媽媽自然也少讓它出現在菜單中，其實它與紅豆相同，都有利尿、排水功用，而且還兼具了美白肌膚的效果，只是它屬寒性食物，孕婦不宜食用，女性在生理期間也不要食用太多，而且，薏仁的澱粉含量一樣很高，在量的使用上仍需注意，以免影響血糖及造成肥胖。

材料：

紅豆 2 杯、大薏仁 1 杯、二砂糖約 150~170g、水 12 杯

作法：

1. 紅豆洗淨加水浸泡 12 小時。大薏仁洗淨浸泡 3 小時。❶、❷

2. 薏仁及紅豆一起放入電鍋內鍋，加水 12 杯，蓋上內鍋蓋。❸

   Tip 水量視個人喜好可自行增減。

3. 電鍋外鍋加水 1.2 杯，按下電源開關煮到跳起。❹、❺、❻

4. 留置鍋內續燜 10 分鐘。

5. 掀開鍋蓋觀察是否已經熟軟，若在煮之前，紅豆就已經放置很久，有可能會煮不夠透，因此，倘若尚未至自己喜好的熟軟程度，可在外鍋加上 0.5~1 杯水煮。❼

6. 待紅豆跟薏仁熟軟度夠了以後，加入適量的二砂糖調味，再蓋上鍋蓋燜 10 分鐘。❽

   Tip 紅豆跟薏仁一定要確認熟軟度夠了才能加糖，一旦加糖後，便很難再將它們煮至軟爛了。

   Tip 利用保溫功能維持溫度，砂糖即會自然溶化。

甜湯若沒食用完畢,可做成冰棒或雪泥,這兩種雖同是冰品,作法可大不相同。雪泥冰需要調理機才能完成,先把紅豆湯凍成小冰塊,再丟進調理機打碎即成為細雪冰花,若想要更美味,可加些煉乳或新鮮水果。

冰棒一般使用玉米粉勾芡,不過我改用蓮藕粉也是相同效果。冰凍後甜度會降低,若為了口感好需要增加少許砂糖調味,然而紅豆湯絕妙的搭配還是煉乳,因此這裡我不再加砂糖,直接用煉乳就有雙重效果。

紅豆薏仁冰棒

材料
紅豆薏仁 1.5 碗、煉乳 2 小包或 4 大匙、蓮藕粉 1.5 大匙

作法

1. 紅豆薏仁湯置入小鍋,開小火煮開。
2. 蓮藕粉兌水(約兩倍)攪拌,加入紅豆湯勾芡,質地必須略帶濃稠,熄火。
3. 紅豆湯加煉乳拌勻,試吃甜度後再調整煉乳用量。
4. 放置完全涼透,甜湯成為濃糊狀。
5. 填裝入冰棒模型八分滿,置入冷凍庫冰凍 12 小時。

紅棗蓮子銀耳羹

🥣 5人份　⏰ 60分鐘

　　年紀愈長，皮膚光滑度就愈顯不夠，糟糕的是，關節部位也出現缺少幫助滑潤的關節液，而這些都得仰賴膠原蛋白，許多人為了補充膠原蛋白，選擇吃豬皮、豬腳及雞爪、雞皮等有著豐富膠質的食物，對葷食者來說當然沒問題，只是必須提防膽固醇，但對素食者來說，問題可就大了。

　　銀耳含有豐富的膠原蛋白且價格實惠，因此有「平民燕窩」之稱。如果是素食者想補充膠原蛋白，銀耳會是個很好的選擇，它不僅含有膠原蛋白，還有膳食纖維、多醣體、膠質及蛋白質等對人體有幫助的物質，更棒的是它完全不含膽固醇，不必擔心對身體有害，更不怕吃多會變胖。

　　當然，再好的食物都不宜天天大量食用，有利也有弊，根據中醫師的說法，感冒、濕熱生痰所引起的咳嗽，不宜食用，以免加深病情。

　　選購蓮子、銀耳有個共同的大原則，那就是千萬不要選顏色過於白皙的，因為極有可能是經過漂白，其中又以銀耳漂白最為嚴重，正常的顏色略偏米黃色，如果不放心，可再拿起來聞一聞，如果有刺鼻的異味，千萬不要選購。

材料：

蓮子 2 米杯約 150g、乾燥白木耳 30g、紅棗 5 顆、
原色冰糖 60g、水 12 量米杯

作法：

1. 白木耳洗淨，加水淹過 10cm，浸泡 30 分鐘。❶

2. 紅棗洗淨，加水浸泡 30 分鐘。每顆用刀劃兩刀。❷、❸

3. 蓮子洗淨不需浸泡，加水淹過，擺入電鍋，外鍋放半杯水燙煮。❹、❺

> Tip │ 經過燙煮可將不好物質釋出。

4. 將蓮子水倒出，蓮子再洗過，檢查是否有蓮心未剔除。❻、❼

> Tip │ 蓮心帶有苦味，可用牙籤挑出處理乾淨。

5. 白木耳切除背後蒂頭，剝或切成小塊。❽、❾

6. 白木耳、紅棗加水 12 杯擺入電鍋，外鍋加 1 杯水煮。❿

> Tip │ 白木耳需多煮一下才能釋出膠原蛋白。

7. 加入蓮子，外鍋再加水 1.5 杯煮熟。⓫

8. 確認食材都熟透，蓮子也夠軟爛，加入冰糖，外鍋再加水 1/3 杯煮開讓冰糖融化。⓬

> Tip │ 攪拌時請小心，免得蓮子碎爛。

已經熬煮熟軟的蓮子、銀耳該怎麼處理才不會影響口感？其實頗有難度，因為太軟有些人可能很難接受，建議打成蓮子銀耳糊，濃稠的口感又是一番滋味，天氣涼了加些雜糧，如黑芝麻和低溫烘焙的堅果，加熱後作為早餐或是下午茶飲用，既有飽足感又可暖胃。

銀耳芝麻糊

材料
蓮子銀耳 1 碗、熟黑芝麻 3 大匙、熟堅果 3 大匙、
冰糖 1 匙、冷開水 1 碗

作法

1. 若放有紅棗，先把籽取出。
2. 蓮子銀耳擺進果汁機，加入冷開水、黑芝麻及堅果，啟動開關打碎。
3. 打碎湯汁倒入小湯鍋，加冰糖，開小火煮熱。
4. 若不喜歡太濃稠，堅果及黑芝麻可減量，或是增加 1/2 碗水。
5. 食材皆為熟食，不需要煮滾，只要煮到喜歡的溫度即可熄火。

桂圓藕粉綠豆蒜

🍚 4 人份　⏰ 30 分鐘

　　綠豆蒜是屏東車城知名的甜點，但可別以為真加了蒜頭喔！其實是取去殼綠豆仁的模樣很像小蒜頭才有此名。綠豆蒜可作熱食，亦可當成冰品，添加刨冰及紅豆、小粉圓、米苔目等個人喜愛的配料，最後再淋上香濃焦糖漿提味。

　　往常農曆年回娘家總會跟家人到車城土地公廟，這裡是台灣最大的土地公廟，也是知名旅遊景點，廟前攤販除了販售當地農產洋蔥、鹹鴨蛋、皮蛋，還有就是甜點綠豆蒜，偶爾我們會停下買一碗解饞，當然平日想吃還是自己動手做的機會比較多。

　　車城販售的綠豆蒜大多是原味，我喜歡加入桂圓增添香氣，如果體質不適合吃桂圓也可不加，只要綠豆蒜加上焦糖就很美味。綠豆蒜會加玉米粉水勾芡，看起來濃稠也更有料，我選擇使用蓮藕粉水來勾芡，可達到相同的效果但是更健康。

材料：

去殼綠豆仁 1 杯、白砂糖 1 量米杯、桂圓 15g、水 10 杯、蓮藕粉約 5 大匙

作法：

1. 綠豆仁清洗乾淨，加 10 杯水浸泡 1 小時。撥下桂圓洗淨，泡水 10 分鐘，撈出瀝乾。❶、❷

2. 電鍋洗淨，開啟電源，白砂糖入鍋翻炒至濕潤有焦香。❸、❹、❺

> **Tip** 此時電鍋可能會自動跳停，用保溫再翻炒一會兒。

3. 加水 2 杯，按下開關煮開，再煮約 2 分鐘等焦糖溶化，關閉電源，倒出焦糖漿。❻

> **Tip** 焦糖只要溶至呈現小顆粒即可。

4. 電鍋外鍋加 1 杯水，與綠豆仁、浸泡的水及桂圓一同入鍋煮熟。❼

5. 續燜 10 分鐘，掀蓋撈除表面泡沫。

6. 外鍋再加水 1/3 杯按下開關，蓮藕粉加水 1/2 杯攪拌溶化，淋下勾芡，濃稠度足夠即可。❽

> **Tip** 蓮藕水分批淋入，邊撒邊攪拌避免結成塊狀。

7. 待開關跳起，焦糖水倒入綠豆蒜拌勻，試甜度若不足再加適量二砂糖調味。❾

綠豆是清涼解熱食物，夏日涼飲可加入刨冰，冬天加些薑汁一起食用能中和涼性。熱甜湯加進受歡迎的小湯圓，給小朋友當成下午茶或餐後小甜點，每人小半碗，解饞又暖胃。

綠豆蒜薑汁小湯圓

材料
綠豆蒜 2 碗、小湯圓 1/2 碗、老薑汁 1~2 匙、黑砂糖 2 大匙

小技巧
水量至少要比湯圓多出3倍，湯汁才不會過濃，影響湯圓口感。

作法

1. 綠豆蒜加黑糖及薑汁拌勻，擺入電鍋，外鍋加 0.5 杯水加熱。
2. 爐子上煮開一小鍋水，小湯圓下鍋，推動鍋底避免湯圓沾鍋。
3. 水滾改中火，湯圓浮上水面再煮約 2 分鐘即可撈出。
4. 煮好湯圓，加入綠豆蒜拌勻即可食用。

抹茶紅豆包

🍚 6 人份　⏰ 100 分鐘

　　抹茶和什麼最對味？沒錯，就是大家都熟知的紅豆。抹茶跟紅豆是絕妙的搭檔食材，使用有著濃濃茶香的抹茶粉揉麵糰，搭配自己熬煮不含油脂的紅豆沙，雖然茶粉可能帶有淡淡苦味，但完全不影響口感，而且完成的抹茶紅豆包非常清爽，不油膩且有著些許茶香以及紅豆沙的香甜。

　　選購抹茶粉需注意顏色，應是略為暗沉的綠色，而不是非常鮮豔的綠，這一點要特別注意，只要顏色太過鮮豔肯定添加了色素或化學物質，千萬別購買，若還是不放心，選擇熟識且信譽良好的商家，或者多找幾家比較後再買。

　　紅豆我則偏愛台灣產的屏東紅豆，試過不事先泡水，只要回煮兩次就能煮到鬆軟，不過基於省電原則，還是建議先泡水再煮，不僅可以省下更多電力，紅豆口感一樣鬆軟綿密。

材料：

中筋麵粉 600g、抹茶粉 12g、速發酵母粉 7g、細砂糖 40g、紅豆 300g、
二砂糖 170g、鹽 1/4 匙、水 370~380cc、饅頭紙或烘焙紙

紅豆沙作法：

1. 紅豆挑除雜質，洗淨加水淹過 5cm，視當時氣溫
   浸泡 6~8 小時或是浸泡隔夜。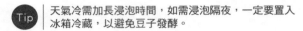

   Tip | 天氣冷需加長浸泡時間，如需浸泡隔夜，一定要置入
   冰箱冷藏，以避免豆子發酵。

2. 泡好的紅豆不需再加水，只要外鍋加 2 杯水就能
   煮熟，若浸泡隔夜只需 1 杯水。❷

   Tip | 若紅豆不夠軟，外鍋再加水 1/2 杯煮到軟綿。

3. 瀝出紅豆湯，紅豆趁熱加入二砂糖、鹽，繞圈攪
   拌成帶顆粒的紅豆沙，放置至完全涼透。❸、❹

   Tip | 紅豆湯需完全瀝乾，豆沙需置入冷藏室半天，使用時
   才不會散開。

麵糰作法：

1. 麵粉過篩，加抹茶粉、細砂糖攪拌。❶

2. 酵母粉加水 50cc 攪拌溶化，加入麵粉，用筷子繞圈攪拌，再加水約 330cc。❷

> **Tip** 分批加水，否則太過潮濕再加乾粉，比例會造成錯亂。

3. 麵粉不需全部濕潤，底部殘留些許乾粉，改用手搓揉成麵糰。

4. 兩手一起揉麵糰至表面光滑，擺回原來的鋼盆，蓋上濕布巾，讓麵糰發酵 40~60 分鐘。❸、❹

> **Tip** 氣溫高發酵速度快，觀察膨脹約一倍即完成發酵。

5. 工作檯灑少許乾粉，手及桿麵棍也抹上乾粉。

6. 取一塊麵糰約 60g 揉圓，擺放工作檯桿開，包入 2 大匙紅豆沙，捏緊麵糰收口。❺、❻

7. 蒸籠間隔 2cm 擺放一張饅頭紙，包好豆沙包擺上，豆沙包做第二次發酵，視氣溫約 20~40 分鐘。❼

> **Tip** 冬天可插上電源，使用保溫鍵加快發酵時間。

8. 當豆沙包膨脹約 0.5 倍，外鍋加 1 杯水開始蒸。蒸好燜 5 分鐘即可取出。

　　包裹內餡的麵食，很多人都會選擇回蒸加熱食用，其實整顆包子下去油炸也很美味，只是可能怕油膩又得煩惱剩下的油該如何處理，所以，我建議用烤箱烘烤，但沒有油脂的包子烘烤過可能會變得乾硬，因此必須事先刷上一層薄油，這樣烘烤後表皮一樣能有酥脆口感。吃膩了蒸豆沙包的你，不妨也試試這個方便又無負擔的作法，相信你也會跟我一樣愛上酥烤紅豆包。

酥烤紅豆包

材料
抹茶紅豆包 1 顆、植物油 1/2 匙、煉乳 1~2 匙

作法

1. 紅豆包從冷凍庫取出退冰。
2. 烤箱上下火 200 度，預熱 10 分鐘。
3. 紅豆包表面刷上植物油，包子連同烤紙擺入烤箱。
4. 烘烤 12~15 分鐘，表面略帶焦黃色。
5. 取出烤好的紅豆包，撕除烤紙，切開擺盤，淋上煉乳。

小技巧
不建議使用奶油，高溫烘烤容易焦掉。

桂圓糯米糕

🍚 4 人份　⏰ 35 分鐘

　　小時候媽媽時常在冬天煮這道甜點，說是可以讓我們暖暖地補一補身體，通常，媽媽會在裡面添加好多米酒，雖然經過蒸煮，酒精已經揮發大半，不過還是留著些許酒味，大人說好吃，小孩說怕怕，因此也只敢淺嚐。

　　成年後央求媽媽教我煮，背地裡卻把酒的用量大大減少，我還是喜歡帶少許酒香就好，畢竟我本就不喝酒，除了麻油雞酒之外，對於酒味還是有些排斥。

　　原以為這就只是冬天吃的甜點，卻發現在結婚習俗中，新嫁娘歸寧，娘家需準備這道甜點讓新嫁娘帶回婆家，我吃過大多就是加了葡萄乾或桂圓的甜米糕，並不會加米酒蒸煮。或許從小吃慣了加米酒的糯米糕，發現還是加有少許米酒比較香，因此我仍堅持用古早味的半酒水來煮，糯米會更美味。

　　糯米甜食與鹹食使用的米不同，甜食需要更軟更黏，因此會選用圓糯米，而鹹食則希望米粒Q彈且粒粒分明，因此得選用長糯米。

材料：

圓糯米 2 杯、桂圓約 50g、水 1 杯、米酒 0.6～0.7 杯、
黃砂糖約 5 大匙

作法：

1. 撥下桂圓肉洗淨。❶

Tip｜市面上很多假桂圓，最好到信譽好的中藥行選購，
或是購買帶殼桂圓自己去殼去籽。

2. 圓糯米洗淨，加入桂圓、米酒和水。❷

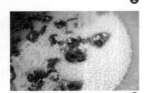

Tip｜使用純米酒，不可使用加鹽料理米酒。

3. 糯米與水（酒）的比例為 1：0.8，先浸泡 30 分鐘，
天氣冷延長至 40 分鐘。❸

Tip｜浸泡完成再拌一下米粒，讓桂圓味道均勻。

4. 電鍋外鍋加 1 杯水，按下電鍋電源，待跳起再燜
10 分鐘。

5. 掀開鍋蓋，趁熱加黃砂糖攪拌均勻。❹、❺

Tip｜趁熱加糖才能拌勻也把砂糖完全溶化。

6. 蓋上鍋蓋再用保溫鍵燜 5 分鐘，讓砂糖味道融入
米飯。

7. 如果想切塊狀，取出糯米糕塞入容器，等候完全
涼透再切。

8. 切之前刀子先過冷開水，每切一刀過一次水，才
不會沾黏。

附注

喜歡米飯軟一些，可用1：0.9的水，一樣泡過再煮。
不愛桂圓可以改用葡萄乾，但是不用泡水。

Amanda 的料理新吃法

+ recipe

　　白飯可以煮粥，糯米糕也一樣可以熬成甜粥，不過粥品要濃稠才好喝，有很多甜品店會在桂圓甜粥中加入澱粉勾芡讓口感更好，如果喜歡這樣的口感，建議用天然的蓮藕粉勾芡，口感一樣還更營養且無負擔。

　　甜粥要是沒喝完還可以填裝入製冰棒容器，做成好吃的桂圓糯米冰棒，需注意米飯太多不好吃，味道太甜不僅不解渴還更膩口，因此製作前比例及甜味都需要再依個人口味調整。

桂圓甜粥

....

材料
桂圓糯米糕 1 碗、黑糖 3 大匙、水 4~5 碗、蓮藕粉 1.5 大匙

....

作法

1. 桂圓糯米糕置入小湯鍋加水攪拌開。
2. 爐子開中火煮滾甜湯，改小火，適時攪拌避免沾鍋。
3. 熬煮米粒熟軟成粥品糊狀，加黑糖調味。
4. 蓮藕粉加水 3 大匙拌開攪散，淋入甜粥勾芡。

> **附注**
> 食用時可再灑上少許原味碎堅果或熟芝麻增加香氣。

Part 2

中式鹹食

想吃點什麼，又不想花很多時間耗在悶熱的廚房裡，

此時，電鍋絕對是你最佳選擇！

看是想吃清蒸肉圓、蘿蔔糕，就算是蚵仔麵線或油飯、麵疙瘩……

只要把食材準備好，放進電鍋，

半小時後，就能夠享用美味的食物囉！

南瓜肉圓

🍚 4人份　⏰ 50分鐘

　　「清蒸肉圓」是南部特有的小吃，清蒸總會帶點水氣，因此肉圓皮較軟，不像油炸那樣Q彈有嚼勁，但吃起來清爽不油膩，對身體也較沒負擔。

　　屏東家鄉的肉圓老店經營數十年還保留傳統，是在地人早餐必吃的選項之一，因此人潮總是絡繹不絕，經過美食節目採訪報導後，每逢年節更是大排長龍，想一嚐美味，非得排上半小時才能嚐到新鮮出爐的肉圓。我對於必須排隊才能嚐到的美食一直沒興趣，唯獨對這一家我很認命，回娘家時，只要有時間，我總還是選擇起個大早乖乖去排隊，就為了我熱愛的清蒸肉圓。

　　肉圓外皮都是單純用粉加水來調製，偶爾我也自己動手做，特別喜愛在粉裡添加熟南瓜泥或地瓜泥，讓這道小吃美味之外又多點養生。南瓜、地瓜這類食材有個共通點──顏色鮮豔、鬆軟香甜，既適合甜食也適合鹹食，肉圓其他內餡食材則大同小異。南瓜肉圓的外皮軟Q且帶有南瓜香氣，不僅顏色好看也很健康，單吃就美味，淋上醬汁更別有一番風味。

外皮材料：

南瓜 1/3 個（約 300g）、樹薯粉 150g、太白粉 45g、水 50cc
（若喜歡軟一點，地瓜粉減少 10g，太白粉則多加 10g）、手粉少許

內餡材料：

絞肉 200g、香菇 5 朵、白胡椒粉 1/2 匙、醬油 1 大匙、香油 1/2 匙、
鹽 1/4 匙、芹菜 1 束

作法：

1. 香菇洗淨泡水 30 分鐘，去除蒂頭切丁。芹菜去葉洗淨切末。

2. 絞肉按壓攪拌使其略帶黏稠性，加入香菇、芹菜、胡椒粉、醬油及香油拌勻。
   ❶、❷

3. 南瓜去皮去籽，切成 0.3 cm 厚片狀。擺入電鍋蒸盤，外鍋加 1 杯水蒸熟。❸

4. 取出南瓜，趁熱把南瓜肉壓碎，盡可能不留顆粒。

5. 南瓜泥拌入樹薯粉及太白粉，攪拌均勻，加水 50cc 成為濃稠濕潤麵糊。❹、❺

Tip | 南瓜麵糊需為濕軟的固態。

6. 取饅頭紙鋪上一大匙南瓜麵糊，小湯匙過水，使用湯匙背面推開麵糊。❻

Tip | 攤販商家做肉圓多用淺碟的小容器，一般自家食用以饅頭紙取代即可。

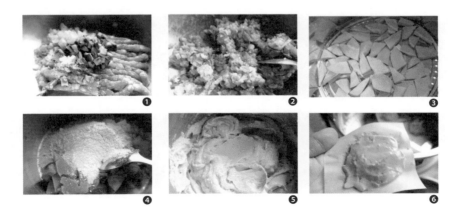

7. 取一大匙肉餡擺放南瓜麵糊上，攤開。❼

8. 再取一大匙麵糊擺放肉餡上，小湯匙過水推開麵糊，使麵糊覆蓋住肉餡。❽

9. 電鍋外鍋加 1 杯水，放置蒸籠，肉圓擺上蒸熟。❾、❿

淋醬材料：

味噌 2 大匙、番茄醬 3 大匙、冰糖 2 匙、水 200cc、太白粉 1.5 匙（加水 1.5 匙）

作法：

1. 水加番茄醬、冰糖擺入電鍋，外鍋 1/2 杯水，蓋上外鍋蓋，按下電源待跳起。

2. 味噌加水 4 大匙拌開，加入醬汁中，太白粉水緩慢淋入攪拌。

3. 外鍋再加 1/4 杯水，蓋鍋蓋再按下開關至跳起即完成醬料。

Amanda 的料理新吃法

清蒸肉圓口感軟Q，冷藏過後會變得乾硬，用油煎法覆熱口感會類似油炸肉圓，不過則會多添一層焦香味。

肉圓不必加熱直接油煎，若是冷凍過需要先退冰軟化後再煎，否則還沒煎熱就焦了。

椒鹽肉圓

材料
肉圓 2 顆、胡椒鹽 1/4 匙、芹菜末或蔥花少許、
辣椒末少許、油 1 大匙

作法

1. 撕除肉圓底部饅頭紙。
2. 平底鍋開小火加入 1 大匙油，肉圓下鍋。
3. 單面煎至邊緣變色微焦，翻面再煎。
4. 肉圓兩面油煎微焦即可起鍋。
5. 灑上適量胡椒鹽，再灑些芹菜或蔥末即可。

茶葉蛋

🍚 12 人份　⏰ 70 分鐘

　　茶葉蛋一直是很平民的小點心，近年物價高漲、售價似乎也變得不親民了，若使用優質沒有藥物殘留的雞蛋，價格高一些也理所當然，就怕用的是含有抗生素的雞蛋。所以，還是選購優質雞蛋回家自己做吧！煮茶葉蛋並不難，難的是該怎麼讓它入味，不用擔心，只要照著書裡的方法做，輕鬆就能做出香味和口味都十足的茶葉蛋。

　　有人可能會問，平常沒有喝茶習慣的人，為了煮茶葉蛋，是不是就得專程去買上好的茶葉呢？答案是不用的！可以選擇使用方便的茶包，紅茶或烏龍茶包都很適合，差別在哪裡？只差在煮好的茶葉蛋的茶香而已，品質越好的茶，自然香氣會更佳。

　　至於在煮茶葉蛋時到底需不需要添加香料？我個人覺得香料的添加其實只是輔助的角色，不宜加入太多，否則香料味道過重反而把原本該有的清新茶香都掩蓋了，畢竟茶葉蛋吃的就是茶香啊！

材料：

雞蛋 12～15 顆、烏龍茶葉 20g 或茶包 5 包、麥茶 5 大匙、八角 3 粒、肉桂粉 1/2 匙、小茴香 3 大匙、鹽 1.5 匙、砂糖 2 大匙、水 1600～1800cc、小綿布袋 1 個

作法：

1. 雞蛋離開冷藏，放置室溫退冰 1 小時，外殼刷洗乾淨。
2. 取兩張廚房紙巾沾濕不擰乾，擺放電鍋外鍋底。❶

> Tip｜水量需足以把雞蛋蒸煮熟透。

3. 雞蛋攤開擺放餐紙上，小尺寸電鍋或使用的雞蛋量多，可用堆疊方式。❷

> Tip｜雞蛋若有堆疊，必須再加水 10cc。

4. 按下電源開關，待開關跳起表示蛋熟透，時間約 8 分鐘。
5. 取湯勺敲裂雞蛋外殼。❸、❹

> Tip｜蛋殼裂縫大效果越好，浸泡較容易入味。

6. 八角、小茴香、麥茶、茶葉塞入小綿布袋，綁住袋口。❺、❻

> Tip｜10 人份電鍋可多煮一倍分量。

7. 外鍋加水 1600~1800cc，置入香料包、茶包、肉桂粉與雞蛋，蓋上鍋蓋按下電源開關。❼、❽

> **Tip** │ 直接用外鍋煮，水量不宜過少。使用優質茶葉效果更佳。

8. 水蒸氣冒出開始計時，煮 30 分鐘，關閉電源維持保溫。❾

> **Tip** │ 確實計時免得煮到水乾枯甚至燒焦。

9. 幫雞蛋翻面，再次按下電源，水蒸氣冒出開始計時 30 分鐘，關閉電源。❿

10. 香料包及茶包取出丟棄，茶葉蛋及湯汁置入另一小鍋。

11. 等蛋及茶湯完全涼透，置入冰箱浸泡冷藏一夜。

> **Tip** │ 浸泡冷藏至少 12 小時。

12. 隔日取出再置入電鍋，外鍋加 1 杯水加熱，即可食用。

　　經過熬煮浸泡的茶葉蛋，味道除了茶香及香料味道，基本上鹹味不會太重，想起薯泥沙拉總會添加水煮蛋，這回就取茶葉蛋來增加一些茶香吧！薯泥用果汁機略微攪拌會更鬆軟綿密，但如果打過頭，薯泥會變得Q黏像山藥泥一般，口感不一樣但是一樣好吃。

　　攪拌方式可視個人喜好做調整，若無果汁機或喜愛帶點顆粒，則只需把馬鈴薯、鮮奶及軟化過的奶油放入大碗中拌勻即可。

茶蛋薯泥

材料
馬鈴薯 1 顆約 200g、茶葉蛋 1 顆、鮮奶 100cc、
無鹽奶油 1 匙、粗粒黑胡椒 1/2 匙、鹽 1/6 匙

作法

1. 馬鈴薯刷洗乾淨，置放餐盤擺進電鍋，外鍋加 2 杯水蒸熟。
2. 用牙籤刺刺看確認熟度，容易刺入表示已經熟軟。
3. 馬鈴薯放涼，撕去外皮、壓碎。
4. 茶葉蛋去殼，取出蛋黃，蛋白切丁。
5. 鮮奶、馬鈴薯、蛋黃、奶油置入調理機攪拌。
6. 拌好的薯泥中加入蛋白丁及黑胡椒。

附注

給小朋友食用可不加黑胡椒，改灑少許彩色巧克力米。

傳統碗粿

🥣8 人份　⏰90 分鐘

　　要做出口感Ｑ彈的傳統碗粿，最好使用舊米，不過這些米應該都被專賣店收購了，並不易取得。米經過浸泡再使用調理機把米磨到完全細碎，這便是傳統碗粿的初製品了。

　　我採用在來米粉搭配米飯的作法，只要水分拿捏得宜，一樣能做出口感十足的碗粿，再搭配香濃滷汁及滷蛋、滷香菇，每回老公見到都說這該賣 50 元以上才有賺頭吧！雖是玩笑話，不過自己吃當然可以不計成本，豐富配料更是一定要的！

　　做碗粿並不難，除了攪拌米漿需要果汁機外，其餘的炒料、滷肉、滷蛋及蒸煮，都只要一台不鏽鋼電鍋就能完成，不需懷疑，趕快來做做看吧！

粉漿材料：

白米飯 1/2 碗、在來米粉 1.5 碗（420g）、
冷水 3.5 碗，滷汁 2/3 碗

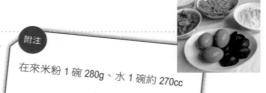

附注

在來米粉 1 碗 280g、水 1 碗約 270cc

滷汁配料食材：

梅花肉 300g、香菇 6 朵、雞蛋 3 顆、油蔥酥 2 大匙、八角 1 顆、白胡椒粉少許、
醬油 120cc、冰糖 1 匙、油 1 大匙、炒蘿蔔乾 6 大匙

滷汁配料作法：

1. 雞蛋洗淨，取兩張廚房紙巾沾濕不擰乾，擺放電鍋外鍋底。

2. 雞蛋攤開擺放餐紙上，小尺寸電鍋或使用雞蛋量多，可用堆疊方式。❶

Tip │ 雞蛋堆疊必須再加水 10cc。

3. 按下電源開關，待跳起蛋即熟透，時間約 8 分鐘。

4. 雞蛋浸泡冷水降溫，剝除外殼。❷

5. 梅花肉切片。香菇洗淨泡水 30 分鐘，切除蒂頭。

6. 電鍋底洗淨擦乾，啟動電源加入 1 大匙油，梅花肉片下鍋煎到兩面變色。

7. 加入醬油拌炒出香氣，加冰糖、水 1000cc。❸

8. 再加入雞蛋、香菇、八角、胡椒粉，蓋上鍋蓋。

9. 滷配料時間約 30 分鐘，每隔 10 分鐘觀察一下，幫雞蛋翻個面。

10. 滷汁剩下約食材 1/3 高度，關閉電源，取出放置涼透，置入冰箱冷藏一夜。

❶

❷

❸

碗粿作法：

1. 冷水 1 碗倒入果汁機，加入白飯，啟動電源打碎米飯。❶
2. 米湯倒入電鍋內鍋，在來米粉及 2.5 碗水加入攪拌均勻。❷

> **Tip** │ 使用打蛋器攪拌，較容易拌勻也不會結塊。

3. 滷汁加入米湯攪拌均勻。❸
4. 電鍋外鍋加 1 杯水，米漿擺入不蓋鍋蓋，按下開關。

> **Tip** │ 避免燙傷，扶內鍋的手戴上防熱手套。

5. 約 3 分鐘後外鍋溫度上升，一手扶住內鍋，一手開始緩慢攪拌，溫度越高攪拌速度需加快。❹

> **Tip** │ 用木鍋鏟攪拌會更好操作。

6. 外鍋水滾即關閉電源，利用水的餘溫攪拌米漿成糊狀，端出。❺
7. 電鍋加水 0.3 杯，鍋底置放鐵架，準備盛裝的碗擺上，再加上一層蒸盤，擺好碗後蓋上鍋蓋，開啟電源。❻

> **Tip** │ 碗先蒸熱可避免米糊沾黏，也方便脫模。

8. 約 6 分鐘水蒸氣冒出，再蒸 2 分鐘關閉電源，趁碗熱度高時把米糊填入碗中，約 9 分滿。❼

9. 擺上滷蛋半顆、香菇 1 朵、滷肉 1~2 片。❽

> **Tip** ｜ 滷蛋 1/4 或 1/2 皆可。滷肉也可用肉燥替換。

10. 外鍋加水 1.5 杯，按下電源蒸煮，跳起後續燜 10 分鐘，竹籤插入不沾米糊即表示熟透。

> **Tip** ｜ 碗粿剛蒸好是軟軟的米漿，必須放涼收水後才能食用。

11. 做好碗粿，隔餐加熱再食用口感才會是 Q 的。

12. 食用時可再加上 1 匙炒蘿蔔乾，並淋上滷汁調的醬汁，風味更佳。❾

❼

❽

❾

淋醬作法：

1. 滷汁 1 碗、水 0.8 碗、太白粉 1 大匙、水 1.2 大匙。

2. 滷汁擺進小內鍋，外鍋加水 0.5 杯，按下電源把滷汁煮開。

3. 太白粉加水調勻淋入滷汁，一邊攪拌成稀糊狀。❶

4. 等醬汁煮開即可。❷

❶

❷

　　碗粿冷藏後會變硬，因此不需預先加熱，只需把碗粿從碗裡取出，切成條狀即可。準備一些蔬菜配料拌炒，就是類似粄條的創新炒粿條囉！

炒碗粿條

材料

碗粿 1 碗、綠豆芽約 100g、胡蘿蔔 1 小塊、青蔥 2 根、油蔥酥 1 匙、醬油 1 大匙（或淋醬 3 大匙）、冰糖 1/4 匙、胡椒粉少許、油 1 匙、水約 100cc

作法

1. 碗粿取出切片再切成條狀，香菇及肉片也取下切絲，滷蛋對切。
2. 青蔥洗淨切段，豆芽去根洗淨，胡蘿蔔去皮切絲。
3. 炒鍋熱鍋開中火，加入油蔥及胡蘿蔔下鍋炒，再加水、醬油煮開。
4. 改中大火，碗粿條、香菇、肉入鍋拌炒幾下。
5. 加入豆芽菜及青蔥，並以冰糖、胡椒粉調味，快速炒勻即可起鍋。

> **附注**
>
> 碗粿切條狀後不宜炒太久，容易糊掉。

芋頭糕

🍚 6 人份　⏰ 100 分鐘

　　我是芋頭狂熱者，鹹食芋頭粥、芋頭甜湯、炸芋餅，甚至芋頭冰，只要是芋頭可說是一個都不放過！不知道你是否曾經看過芋頭田？知道芋頭是植物的根莖嗎？芋頭這種植物可食用的部位除了根部之外，還有它的莖，也就是葉柄也可以吃，只可惜大多數人並不曉得，只有居住鄉間的人或許才懂得它的美味。

　　芋頭有許多不同品種，曾經有機會前往苗栗山城公館下田採收，就拔出過質優又好吃的檳榔心芋頭；山地種植的小芋頭也很好吃，這種小芋芳光是水煮就很美味。

　　挑選芋頭先掂掂重量，要重、質地扎實偏硬、表皮上坑洞少的較不會有臭爛情形，肉質白表示品質佳口感也更鬆Q。要特別注意的是，處理芋頭時最好戴上手套，可避免接觸外皮造成搔癢，萬一不小心觸碰可用熱水洗手，或用火烤，即可紓緩搔癢的感覺。

材料：

芋頭 500g、在來米粉 400g、絞肉 150g、油蔥酥 4 大匙、香菇 8 朵、櫻花蝦或
開陽 4 大匙、白胡椒粉 1/2 匙、鹽 1.3 匙、原色冰糖 1.3 匙、水 700cc

作法：

1. 香菇洗淨泡水 20~30 分鐘軟化，取出洗淨切除蒂頭，切丁。櫻花蝦洗淨瀝乾。❶

2. 芋頭去皮，洗淨刨粗絲。❷

3. 在來米粉加水 700cc 拌開備用。

> Tip | 電鍋外鍋先炸好油蔥酥，若已經有油蔥酥，直接炒配料。

4. 準備 2 個方形深鋁箔盒。

> Tip | 可用內鍋抹上一層油脂，或直接鋪上烤盤紙。

5. 外鍋倒入 2 匙油，絞肉、櫻花蝦及香菇丁分別放置周邊炒香。❸

6. 芋頭絲入鍋翻炒，油蔥酥、胡椒粉、鹽、冰糖加入炒勻，加水 4 量米杯。❹、❺

7. 不蓋鍋蓋，持續翻炒避免芋頭沾黏鍋底，芋頭絲煮軟顏色變深，水分剩約 1/5。❻

8. 不關火，盛出約 1.5~2 碗芋頭配料，備用。

9. 在來米漿攪拌均勻倒入鍋中，持續攪拌推動鍋底，直到米漿糊化，即可關閉電源。❼、❽

Tip 糊化還不完全即可關閉電源，利用保溫攪拌到完全糊化，可避免溫度太高鍋底燒焦。

10. 快速盛出米漿，倒入鋁箔盒或內鍋抹油，平均攤開抹平，表面再鋪上預先留下的芋頭配料，輕壓芋頭避免掉落。❾、❿

11. 電鍋內泡熱水用木勺刮除底部粉漿，洗淨。

12. 外鍋加水 2.5~3 量米杯，擺入芋頭米糊蒸煮，時間約 50~60 分鐘。⓫

Tip 厚度會影響蒸煮時間，淺鍋只要約 45 分鐘。

13. 開關跳起續燜 10 分鐘，取竹籤插入不沾黏米糊即熟透。端出放置完全涼透才可切開食用。

Tip 蒸好仍呈水狀，必須經過半天收水（辭水）才會硬化有 Q 度。冬季半天後可切開食用，夏日最好冷藏半日後再切。

❼ ❽ ❾

❿ ⓫

芋頭糕跟蘿蔔糕雖是不同味道的食材，卻有著相似口感，料理方式也雷同，可油煎、裹粉油炸，也可以炒或煮湯，配料差異性也不大。這裡使用的料理方式有點類似客家湯圓，只是把竹筍改成易煮的筊白筍，食材替換烹調時間可加快近半小時，煮一大碗約 10~15 分鐘即可完成，如果吃膩油煎芋頭糕，不妨試試這個作法。

芋頭糕蒜苗湯

材料
芋頭糕 3 片、豬絞肉 50g、筊白筍 1 根、大蒜 1 根、油蔥酥 1 大匙、櫻花蝦 1 匙、鹽 1/2 匙、醬油 1 匙、柴魚粉 1 大匙、胡椒粉適量、油 1/2 匙

作法

1. 芋頭糕切 2X2 cm 大丁。大蒜去根洗淨，切薄片。
2. 筊白筍去殼，削除根部粗纖維，洗淨切絲。
3. 炒鍋開小火起油鍋，爆香櫻花蝦，絞肉及油蔥酥下鍋炒熟。
4. 醬油熗鍋，加水約 500cc，改中大火滾煮 5 分鐘。
5. 芋頭糕、筊白筍下鍋煮開，續滾約 3 分鐘。
6. 蒜苗下鍋，加鹽、柴魚粉即熄火。
7. 加芹菜末，灑少許胡椒粉。

蘿蔔糕

🍚 8 人份　⏰ 120 分鐘

　　農曆過年時，家家戶戶總會蒸上一籠蘿蔔糕象徵好彩頭，只是時代轉變，很多人不再自己動手做，尤其年輕的廚房新手總以為做蘿蔔糕很麻煩，的確現在採購是方便多了，不僅傳統市場，超市也有真空包裝。不過，在看過這篇的作法後，相信你也會躍躍欲試想大顯身手，因為蘿蔔糕真的不如你想像中的那麼難，只要有一台電鍋，就可蒸出 Q 彈美味的蘿蔔糕了。

　　這裡做的是全素蘿蔔糕，不論素食或葷食者皆可食用，若你偏愛葷食蘿蔔糕，另可以添加油蔥、肉燥。請參考本書另一道〈芋頭糕〉配料，只需把食材中的芋頭剔除即可。

材料：

在來米粉 400 公克、白蘿蔔 1200g、水 700cc、鹽 1.3 匙、原色冰糖 1.2 匙、白胡椒粉適量

工具：

長方形鋁箔盒 3 個，或鐵鍋抹一層油。也可鋪白棉布、年糕紙（烤盤紙），方便脫模

作法：

1. 白蘿蔔去皮刨絲，加水 500cc。❶、❷

   Tip 蘿蔔外皮很厚也辛辣，要完全去乾淨才能避免有苦味。

2. 來米粉加水拌開成米漿。❸

3. 白蘿蔔絲擺入電鍋，外鍋加水 1.5 杯，蓋上內外鍋蓋，啟動電源蒸熟。❹、❺

   Tip 蘿蔔水分多，做糕點水分要拿捏精準，因此煮蘿蔔必須蓋內外鍋蓋避免蒸氣水。

4. 開關跳起，掀蓋確認蘿蔔絲熟軟，需至湯勺一壓即斷的程度。加鹽、冰糖及胡椒粉調味，攪拌均勻。❻

5. 外鍋加 1 杯水再次啟動電源，攪拌在來米漿，緩慢加入蘿蔔絲中。❼

6. 戴上防熱手套，扶住內鍋攪拌米糊，接近完成會比較稠，關閉電源利用餘溫攪拌至完全糊化。❽

   Tip 攪拌米糊要確實糊化變稠不見水分。

7. 快速將米糊倒入長方形鋁箔盒，抹平表面。此分量可做 3 個。❾

8. 電鍋放蒸架，擺上蘿蔔糕，上層架蒸盤再放一個，外鍋加水 2.5~3 杯（蒸 50~60 分鐘）。❿

9. 蒸熟即刻取出，表面有水不必理會，放置室溫完全涼透。

   Tip 蘿蔔糕必須等冷卻收水（辭水）硬化才能切。

　　看起來沒甚麼味道的蘿蔔糕，加入鮮香 XO 醬拌炒，就能立即變成美味的葷食佳餚。要特別注意的是，XO 醬已使用大量經高溫炸過的油脂浸泡，不適合再拿來爆香，取用前盡可能把油脂瀝乾一些，再添加少許蔬菜拌炒，既多了 XO 醬的鮮也有蔬菜的甜，吃來更是美味不油膩。

XO 醬炒蘿蔔糕

材料
蘿蔔糕 5 片、XO 醬 2 大匙、筊白筍 2 根、蔥 1 根、
蒜頭 2 顆、醬油 1 匙、油 1 匙

作法

1. 蘿蔔糕切 1 cm 厚，再切 1 cm 寬條。
2. XO 醬用叉子取出，瀝掉多於油脂。
3. 筊白筍去殼，削除根部粗纖維，洗淨切絲。
4. 蒜頭去皮洗淨切片。蔥去根洗淨切末。
5. 炒鍋下 1 匙油，小火爆香蒜片，加筊白筍略炒。
6. 加 1/3 量米杯水、醬油煮開，蘿蔔糕入鍋煮開，改中火。
7. 滾煮蘿蔔糕入味收汁，灑蔥末拌勻即可。

鹹米糕

🍚 4 人份　⏰ 50 分鐘

　　這道是南部非常知名的小吃，跟油飯一樣使用長糯米來料理。說相同其實也有部分差異，不過在香料使用上大同小異，認真比起來鹹米糕的作法更是簡單多了。

　　鹹米糕的作法是先煮好糯米飯，食用前再澆上肉燥，搭配肉鬆及醃漬小黃瓜，有些則搭配醃漬黃蘿蔔；油飯是另外炒肉絲、香菇絲加辛香配料，糯米浸泡蒸或煮熟，趁熱時把醬汁配料拌進去，讓米飯及醬汁完全融合，但為了讓糯米粒粒分明，通常偏油口味也較重。

　　我常煮肉燥，所以家人常吃肉燥飯，對於鹹米糕並不算太熱衷，反倒是油飯更能吸引他們。若是你喜愛糯米食品，只要學會這兩道料理的作法，就可以自由選擇囉！

醃漬小黃瓜材料：

小黃瓜 2 條、鹽 1/2～2/3 匙、白砂糖 2/3 匙

醃漬小黃瓜作法：

1. 小黃瓜洗淨，橫切薄圓片，約 0.1～0.2 cm。❶、❷

2. 加鹽攪拌均勻，鹽漬 20 分鐘。❸

3. 抓捏小黃瓜片，按壓軟化出水。

4. 加冷開水洗去鹽分，擰乾。

5. 加入白砂糖拌勻，浸漬 20 分鐘。❹

❶

❷

❸

❹

米糕材料：

長糯米 2 杯、肉燥滷汁 1 碗、肉鬆 1/2 碗

米糕作法：

1. 糯米洗淨，用漏勺把水完全瀝乾，重新加水浸泡約半小時。

   > **Tip** 瀝水步驟不能省略，煮好糯米才有 Q 度。

2. 糯米與水的比例為 1：0.6，所以米 2 杯，水約 1.2 杯。

   > **Tip** 若使用隔年舊糯米，水比例可用 0.7。

3. 約半小時，糯米吸入水分膨脹後，把米粒攪動一下，再攤平。

   > **Tip** 表面雖看不到水，但別再增加，水太多糯米飯會過於軟爛。

4. 電鍋外鍋加 1 杯水，按下電源，跳起後再燜 10 分鐘。

5. 掀開鍋蓋把米飯攪拌翻鬆。

6. 添一碗糯米飯淋上適量肉燥，夾小黃瓜片擺上，再灑適量肉鬆搭配。

煮米糕時的糯米粒粒分明口感又Q，是做飯糰最好的食材，可以隨性捏，也可以入模做造型飯糰。

沒有飯糰模型時，可用上下寬度一致的小餐具直接加飯進去做，若擔心可能會沾黏住取不出來，建議在碗底套上保鮮膜或鋁箔紙、烤盤紙，這樣一來，做好後就可以輕鬆把飯糰直接拉出來囉！

鮪魚沙拉飯糰

材料
糯米飯 1 碗、罐頭鮪魚 2 大匙、洋蔥丁 1 大匙、沙拉醬 1/2 匙、
粗黑胡椒 1/4 匙、長方型調味海苔 2 片、熟黑芝麻少許

作法

1. 糯米飯若經冷藏，置入電鍋外鍋加水 1/3 杯蒸熱，取出放涼。
2. 罐頭鮪魚瀝除油分。洋蔥丁加沙拉醬、黑胡椒拌勻。
3. 取一張保鮮膜或鋁箔紙套入碗底，擺進 1/4 的糯米飯，平均攤於模型中，按壓緊實。
4. 飯上鋪放鮪魚及洋蔥沙拉，邊緣留下一些空隙。
5. 再取 1/4 米飯往上蓋住食材，一樣平均攤開再按壓，記得別壓太緊會扣不出來。
6. 取出飯糰，用一片海苔包裹，或加上黑芝麻。

> **附注**
> 另一半食材作法相同。若不喜歡洋蔥可改用玉米粒。

蚵仔麵線

🍜 4 人份　⏰ 35 分鐘

　　這種麵線羹使用的是紅麵線，不同於白麵線容易糊掉，紅麵線較鹹，但卻非常耐煮，傳統市場、雜貨店、南北貨或五穀雜糧行大多能找到。

　　料理麵線前必須洗去鹽分再做浸泡，若喜歡口感更Q，可以清洗後不浸泡改用汆燙，一樣能稀釋鹽分。

　　市面上販售的蚵仔麵線大多會添加滷大腸，除了費工費時外，也考慮到其實有很多人不敢吃大腸，所以這一道麵線就單純以鮮蚵為主食材。海鮮配料可以隨個人喜好做更改，例如加入鮮蝦或透抽，喜愛吃肉的人也可加入適量火鍋肉片，就能快速煮出一鍋豐盛的麵線羹了。

材料：

紅麵線 100g、鮮蚵 300g、綠竹筍 1 支（或中型麻竹筍、烏殼綠 1/2 隻）、柴魚片 20g、水 800cc、太白粉 3~4 匙

調味料：

自製柴魚粉 1 大匙、蠔油 2 大匙、香菜 2 棵、蒜酥 1 大匙、蒜酥油 1 匙、烏醋 2 大匙、海鹽 1/2 匙

作法：

1. 竹筍去殼，削除粗硬外皮洗淨，逆紋刨細絲。❶

> Tip 竹筍不可順著紋路切，逆紋切口感較好。

2. 鮮蚵加鹽巴抓洗出髒汙，用水洗淨，瀝乾。❷
3. 香菜洗淨切末。
4. 竹筍加水 800cc，電鍋外鍋加半杯水煮熟。
5. 紅麵線浸泡 5~10 分鐘，再漂洗瀝乾。❸
6. 柴魚片用漏勺承接，浸入竹筍湯浸泡 5 分鐘。❹

> Tip 柴魚片熬煮過久容易變酸。

7. 電鍋外鍋加 1 杯水，再加蠔油、蒜酥、蒜酥油、紅麵線入鍋。❺、❻

Tip | 紅麵線經過燉煮，口感較好。

8. 調太白粉水勾芡，鮮蚵沾裹乾地瓜粉入鍋，不攪拌。❼、❽、❾

Tip | 視天氣及個人喜好，可勾薄芡或濃芡。

9. 視鮮蚵大小，外鍋再加水 1/4～1/3 杯，蓋鍋蓋煮熟，加入泡過的柴魚片。

10 加柴魚粉及烏醋調味。❿

Tip | 食用前再灑上香菜即可。⓫

附注

自製柴魚粉只要採購新鮮柴魚片，加上少許碎冰糖，比例約為 300g：15g，兩者一同置入調理機打碎成粉末，擺入保鮮盒置放冷藏室保存。

　　麵線羹吃不完再處理會好吃嗎？請冷藏留待下一餐，讓我教你一個既簡單又美味的創意料理法。這個作法不僅可讓麵線羹不像剩菜，而且還能讓家人讚不絕口，端上桌時每個人都猜不著這上面鋪的是甚麼？是豆腐嗎？口感又不像，不過真的很好吃。

　　若原先煮的麵線羹勾芡不濃，改作燴料理時建議再增加少許太白粉水勾芡，湯汁濃稠度高較能掛住食材。

麵線燴香酥吐司

材料
蚵仔麵線羹 1 碗、白吐司 2 片、太白粉水 1 匙、香菜 1 棵

作法

1. 白吐司擺進小烤箱烘烤約 5 分鐘，翻面再烤 3 分鐘。
2. 確認白吐司烘烤酥脆，用刀切成 2X2 cm 丁狀。
3. 蚵仔麵線小火加熱，再淋入適量太白粉水，讓湯汁更為濃稠。
4. 白吐司擺入深盤，上頭均勻淋上麵線羹，再擺放適量香菜末即可。

高纖素油飯

🍚 4 人份　⏰ 40 分鐘

　　忘記有多少年了，曾因為宗教因素特地購買素油飯，吃過一回後便念念不忘，原來素食只要煮得好也可以如此美味。當時吃的是傳統口味，麻油炒老薑末、香菇絲，加入水煮花生、泡軟再炒香的麵筋，簡單卻很有味道的素油飯。

　　近些年我開始研究養生的料理煮法，又發現流行的五行料理很適合做素菜，因此才有了這道油飯，為了吃得更健康，配料多屬於高纖食材，油脂也大量減少，說它是油飯也不全然，認真說來，它倒更像健康清香好味道的五行拌飯。

　　高纖且香味十足的油飯，很適合喜愛油飯又不宜多吃油膩食物的人，不過糯米還是不好消化，若有腸胃方面的問題，可改用一般梗米作烹調，水分相同或再增加 0.1 杯水，一樣能料理出Q彈美味的素油飯。

材料：

圓糯米 2 杯、香菇 3 朵、炸豆皮 3 個、芋頭 1 塊約 100g、嫩薑 1 小塊、
四季豆 5 根、胡蘿蔔 1 小塊、芹菜半棵、香菇水 100cc、白胡椒粉少許、
醬油 1 大匙、鹽 1/4 匙、冰糖 1/2 匙、油 2.5~3 大匙

作法：

1. 香菇洗淨浸泡 30 分鐘，去梗切丁，香菇水留用。❶、❷

2. 薑刷洗乾淨，切細末。紅蘿蔔去皮，洗淨切丁。芋頭去皮，洗淨切丁。豆皮加水泡軟，加溫水洗去油脂，擰乾水分切丁。❸

3. 四季豆去頭尾，洗淨切細末。芹菜去頭除葉，洗淨切末。❹

4. 圓糯米洗淨用漏勺瀝乾水分，另加水，米水比例 1：0.6，2 杯米共 1.2 杯水，浸泡 30 分鐘。❺

5. 電鍋外鍋洗淨按下電源，香菇下鍋乾炒出水分和香氣，加入油及薑末炒香。❻

6. 加芋頭丁拌炒至芋頭表面略為乾爽，再加胡蘿蔔丁與豆皮拌炒。❼、❽

7. 淋下醬油嗆出香氣，加香菇水、鹽、冰糖、胡椒粉，拌炒煮至食材熟透，待鍋底湯汁燒乾，關閉電源，取出配料。❾

Tip | 煮熟的配料仍需留有水分。

8. 糯米連浸泡水一起置入電鍋，外鍋加 1 杯水，按下開關，跳起後再燜 10 分鐘。

Tip | 下鍋烹煮前把米粒上下攪拌均勻，再壓平米粒。

9. 預先炒好的配料及四季豆末加入糯米中，快速拌勻。❿

10. 外鍋再加量米杯 0.1 杯水，燜煮一下（約 3~5 分鐘）。

11. 電源跳起，加入芹菜末拌勻即可食用。⓫

附注

可改用一般白米，不需浸泡，1 杯米水量約 0.8~0.9 杯。

　　偶爾我會把油飯加些食材煮成糯米鹹粥，這時它的名稱是鹹米糕粥，只是換個名稱感覺就不一樣了呢！

　　如果吃膩中式粥品，可換個西式作法。加入大量起士做焗烤料理，記得起士一定要烤到金黃有焦香味才好吃，可別只單純烤化，那可會一點香氣都沒有喔！

焗烤素香飯

材料
素油飯 1 碗、山藥 1 小塊、起士條 1/3 碗

作法

1. 山藥去皮切薄片。
2. 油飯平均攤開於烤碟，表面舖上山藥片。
3. 最上頭再均勻鋪上起士條，完全覆蓋底下食材。
4. 烤箱上下火 240 度，預熱 10 分鐘，烤碟置入上層，烤約 12~15 分鐘。
5. 若起士不夠焦，改上火再烤 5 分鐘，表面微焦即可食用。

櫻花蝦干貝油飯

🍚 4 人份　⏰ 50 分鐘

　　台灣傳統習俗生男孩兒滿月時需要送油飯給親朋好友報喜訊，也因為這個習俗，不僅小吃店賣油飯，還有商家開起連鎖店專做滿月禮生意。

　　油飯要好吃，首先糯米的軟硬Q度必須拿捏好，完成的油飯必須粒粒分明、不軟爛，才能算是成功。傳統作法是把洗好的長糯米浸泡一整夜，讓它吸飽水分，再瀝乾置入木桶，蒸煮成軟硬適中的米粒，配料炒好後再加入糯米中，拌炒均勻入味。

　　煮油飯難嗎？其實你只需要一台電鍋，不管蒸煮，皆宜。這裡示範的是煮法，只要控制好水分，米粒不軟爛也不會太硬，拿捏得宜就能煮出好吃油飯。

材料：

長糯米 2 杯、櫻花蝦 3 大匙、香菇 6 朵、帶皮五花肉 1 塊（約 150g）、油蔥酥 3 大匙、醬油 2 大匙、細冰糖 1/4 匙、油 2.5 大匙、水 1.2 杯

作法：

1. 香菇洗淨泡水 30 分鐘，取出再次清洗，水擠乾去梗切絲。❶、❷

2. 櫻花蝦洗淨瀝乾。五花肉切絲或薄片。❸

3. 糯米洗淨，用漏勺把水瀝乾，重新加水，視氣溫浸泡 30~40 分鐘。❹

> Tip 確實用漏勺瀝乾水分，避免水分殘留。

4. 糯米與水比例 1：0.6，這裡使用米 2 杯，因此水是 1.2 杯。

> Tip 天氣冷需延長時間，浸泡完成米粒會浮出水面，必須攪拌才不會表面米粒半熟。

5. 糯米浸泡完成攪拌平鋪，擺入電鍋，外鍋 1.3 杯水，電源跳起續燜 10 分鐘。❺

> Tip 烹煮的水不多，上層米飯容易有半熟現象，外鍋多加水可產生蒸氣燜熟。

6. 取 2/3 炒好的配料及全部醬汁加入煮熟糯米，快速攪拌均勻，攤平米飯。❻

> Tip 不可以重力壓米飯，油飯要鬆散才好吃。也可把油飯填入準備上桌的鍋具中。

7. 剩下 1/3 配料均勻灑放油飯上。

8. 再次蓋上鍋蓋讓油飯保溫 10 分鐘，米粒吸收醬汁味道會更好。

❶ ❷ ❸
❹ ❺ ❻

利用泡米時間炒配料

作法：

1. 電鍋外鍋底洗淨擦乾水分，按下電源後加入 3 大匙油。

> **Tip** | 油飯一定要有足夠的油，米粒才會鬆散不沾黏。

2. 櫻花蝦入鍋，煸炒出香氣，加香菇絲炒香。❶、❷

3. 加入肉絲，持續炒到變色再炒一會兒，加紅蔥酥拌炒出香氣。❸、❹、❺

4. 淋下醬油、細冰糖翻炒均勻，加水 1.5 量米杯，炒熟食材，鍋底預留少量醬汁。
   ❻、❼、❽

> **Tip** | 醬汁量剩約 3 大匙，即足夠拌炒糯米飯。萬一醬汁太乾，別急著加醬油，
> 只需加入 2 大匙水再煮開即可。

> **附注**
>
> 炒配料及拌炒糯米飯，可改用炒菜鍋操作，最後再置入電鍋保溫燜 10 分鐘。

　　油飯只有米飯跟香料，一餐吃不完再蒸熱，口感可能有些微差異，這一道創意料理便使用了回蒸的油飯與早餐常用的蛋餅皮來做變化。

　　因怕只有麵食與米飯會膩口，特別加入蔬菜及辣椒，除了口感可更清爽，辣椒也能讓食慾大增。

辣味油飯捲

材料
油飯 1/2 碗、蛋餅皮 1 片、黃甜椒 1/6 顆、紅甜椒 1/6 顆、
剝皮辣椒 2 條、西洋芹 1/4 片

作法

1. 油飯用電鍋蒸熱，外鍋 1/2 水，或蒸久一些讓米飯更軟。
2. 甜椒洗淨去籽，切細長條。
3. 芹菜洗淨刨除外層粗纖維，切細薄片。
4. 蛋餅皮用少量油煎熟，熄火取出。
5. 油飯擺放蛋餅皮中央，均勻攤開，邊緣留 1cm。
6. 芹菜片、紅黃甜椒攤開擺放。
7. 捲裹成蛋捲狀，切塊擺盤。

附注

若不習慣吃生芹菜，可用少許水汆燙過再食用。

皮蛋瘦肉粥

🍚 3 人份　⏰ 40 分鐘

　　夏季炎熱時，我的餐桌上常會出現粥品，清粥、鹹粥或是廣東粥輪著做，只要熬煮的夠軟爛容易入口，就不必擔心忙碌一天的家人因暑氣難消而食不下嚥，當然粥品也是老人家、幼兒以及病人最佳的健康食物。

　　台式鹹粥跟廣東粥作法不同，一種是把米粒與食材一起烹調煮到軟爛且留有米粒，另一種則是先把米熬煮到只剩米湯來做鍋底，再添加進各種肉品或鮮魚等配料提味。

　　一般家庭很少會把廣東粥熬到僅剩下米湯，若喜愛米湯的口感，可等粥底略微降溫再置入果汁機打碎米粒成為米湯，此時再添加食材烹調也會更好喝，不過，比例上則須多加些水，免得過於濃稠不好熬煮，容易燒焦口感也不佳。

材料：

白米 1 杯、皮蛋 2 顆、細絞瘦肉 150g、高麗菜 1 塊約 200g、
玉米醬 1/2 罐、油條 1 條、高湯約 1200cc、炸蔥酥油 1 大匙、
芹菜 2 株、海鹽 0.6 匙、冰糖 1/2 匙、白胡椒粉

作法：

1. 高麗菜洗淨切小塊。芹菜去根葉，
   洗淨切末。皮蛋去殼切片。❶、❷

2. 油條剪短用外鍋烘烤，或擺進烤箱
   以 140 度烘烤酥脆。

3. 白米淘洗乾淨，加高湯、高麗菜入
   電鍋熬煮，外鍋加 1.5 杯水，煮 30
   分鐘成粥底。❸、❹

   Tip｜沒有高湯可用清水熬煮，米粒必須熬
   成濃稠狀。

4. 粥熬煮濃稠後，加入玉米醬和蔥
   油。❺、❻

5. 瘦絞肉加 2 大匙水攪拌散開，加入
   粥底，邊倒邊攪拌開。❼

6. 外鍋再加水 1/2 杯煮熟肉末。

7. 待食材熟透，加鹽、冰糖調味，皮
   蛋入鍋，再灑上芹菜末。❽

8. 依個人口味加入胡椒粉即完成。❾

   Tip｜食用時可再搭配烤過的油條。

❶ ❷ ❸ ❹ ❺ ❻ ❼ ❽ ❾

粥品水分較多，但冷藏後水分會被米粒吸收，變得較為濃稠，此時再來做其他料理會簡單許多，而不會一成不變。

　曾經考慮把剩下的粥品拿來改造成麵包，只是還沒找出空檔時間做這料理實驗，若能成功，想必一樣美味！

瘦肉粥煎餅

材料
冷藏瘦肉粥 1 碗、高麗菜 1/2 碗、青蔥末 1 大匙、
胡椒鹽少許、麵粉 2 大匙、油 2 匙

作法

1. 冷藏室取出瘦肉粥，加入高麗菜、蔥末拌勻。
2. 麵粉分批加入，拌成濃稠狀。
3. 平底鍋開中火，加油。
4. 粥麵糊全部倒入鍋子的中心點，攤開並且推平均。
5. 油煎至兩面成金黃色澤即可。
6. 切塊，灑上白芝麻及胡椒鹽，或沾甜辣醬食用。

絲瓜魚片粥

🥢 2 人份　⏰ 30 分鐘

　　夏天是絲瓜的產季，也是它最嫩最美味的時候，除了單炒還可以搭配海鮮煮或熬粥，蛤蜊、虱目魚肚、台灣鯛、鮭魚都是我喜愛的配料，而且因為魚腥味不重，和許多食材味道都很搭。

　　熬粥最好挑選沒有刺的魚片，食用時較為安全，因為粥呈糊狀且容易吞食，就怕太容易入口，反倒忽略了魚刺的危險性。

　　煮粥的海鮮一定要夠新鮮，才不會產生腥味而壞了一鍋粥，絲瓜只要是產期大都能挑到甜美又嫩口的，不懂得怎麼挑選可多問問傳統市場買菜的婆婆媽媽們，她們可都是挑菜高手，跟著學肯定錯不了！

材料：

絲瓜 1 條、米 1 杯、鯛魚肉 1 片、嫩薑 1 小塊、油蔥酥 1 匙、芹菜末少許、鹽、柴魚粉、白胡椒粉適量

作法：

1. 絲瓜去皮，直切 4 等份，再橫切 1cm 厚片。❶

Tip │ 絲瓜甜分高，切厚片才好吃。

2. 鯛魚肉洗淨，切 0.5cm 厚片狀。❷

Tip │ 可挑選任何一種無刺魚肉。

3. 芹菜去除根葉，洗淨切末。薑洗淨切絲。

4. 米洗淨加水 5~6 杯，置入電鍋，外鍋加水 0.7 杯，蓋鍋蓋按下電源。❸

Tip │ 絲瓜水分含量高，煮熟會釋出水分，熬粥的水分必須減量。

5. 粥煮熟即加入絲瓜、魚肉、薑絲拌開，外鍋加 0.5 杯水，再啟動電源。❹

Tip │ 電鍋剛跳停無法再煮，須等候 2~3 分鐘降溫，才可再啟動。

6. 掀開鍋蓋，加入油蔥酥、鹽、柴魚粉及芹菜末，再灑入適量白胡椒粉攪拌均勻。❺

鹹粥若一餐沒吃完,下一頓就是繼續蒸煮,不挑食的人無所謂,若遇上家人不吃剩菜剩飯,煮婦可就得傷腦筋了。

這裡我用一個比較特別的調理方式,加入蛋液來做蒸蛋,吃起來既像蒸蛋又像粥,不僅味道更好,口感也不會像再熱過的粥一樣糊爛可怕。下次煮粥再有剩餘,可以試試這個作法,讓家人用餐時也更有趣,邊吃邊猜這是甚麼特別的料理呢?

魚粥蒸蛋

材料
冷藏魚粥 1 碗、雞蛋 3 顆、鹽 1/3 匙、芹菜末或香菜 1/2 匙

作法

1. 雞蛋洗淨,去殼打散。香菜去根洗淨切末。
2. 粥加入蛋液、鹽,仔細攪拌均勻,不必理會蛋液上的泡泡。
3. 電鍋置入蒸架,外鍋加 1 米杯水。
4. 拌好後倒進大碗或小燉盅,擺進電鍋。
5. 鍋蓋留一小縫隙,蒸熟,電源跳起後再燜 10 分鐘取出。
6. 加芹菜末或香菜陪襯,增加香氣。

什錦麵疙瘩

🍚 3 人份　⏰ 50 分鐘

　　原本是一道很家常的料理，因為現代人生活過於忙碌，較少人在家自己做，因此也成了小吃店和餐館常見的一道麵食，甚至有些較講究的店家還開發出多種創新口味，應付喜好多變口味的消費者呢！

　　這種常吃的麵疙瘩是把麵糰揉好，至於麵粉該選中筋或高筋、發酵或不發酵則視個人喜好，我是習慣略微發酵後，再抓出略有厚度的塊狀進行烹調。不過，那是我的做法，日前參與一家烹飪教室週年慶活動時，我就看到不同的處理法。

　　那是一位八十多歲的年長老師，她做麵疙瘩時並不揉麵糰，只見她取一小盆中筋麵粉，利用五根手指頭沾水滴落，再用手指繞圈輕輕攪拌，持續同樣的動作直到麵粉剩些許乾粉，才停止加水，利用麵粉中的濕潤持續拌到乾粉消失，完成的麵疙瘩比小指頭指甲還小。

　　據說這種作法是以往官家及富有人家的專屬作法，細碎的小麵疙瘩加入肉末、海鮮等營養配料，給年幼及老人家食用。

麵糰材料：

中筋麵粉 400g、水 240cc

製作麵疙瘩：

1. 麵粉過篩入大碗，加水用筷子攪拌混合，再用手和勻成硬實麵糰。❶、❷、❸、❹

2. 若是水分不夠再適量添加，把麵糰揉至光滑，蓋上濕毛巾，氣溫高醒 1 小時，氣溫低則 2 小時。❺

   Tip 麵糰醒過，麵疙瘩才會Q，若不經醒過，口感不Q略微偏硬。

3. 麵糰分成幾塊，各自搓揉成長條，略壓扁，用拇指與食指捏住，扯下約拇指大塊狀。❻

   Tip 麵片灑上適量乾粉可避免沾黏。❼

4. 電鍋外鍋加水至少 800cc，蓋鍋蓋按下電源，等 10 分鐘水滾開。

5. 麵疙瘩置入滾水中，湯匙推鍋底攪拌避免沾鍋，煮到麵片浮上水面，即可用漏勺撈出。❽、❾

   Tip 後續若還要經過烹調拌炒，麵疙瘩不宜煮太熟軟。

6. 麵疙瘩拌入少許食用油避免沾黏。

什錦麵疙瘩材料：

煮熟麵疙瘩 2 碗、大白菜 1/2 顆、粗絞肉 200g、黑木耳 3 片、水 800cc、
油蔥酥或蒜酥 1 大匙、油鹽各 1/2 匙、柴魚粉 1 匙、香菜 1 棵

作法：

1. 大白菜洗淨切寬條。胡蘿蔔去皮切絲。黑木耳洗淨切絲。香菜去根洗淨切末。❶

2. 大白菜、胡蘿蔔絲加水 800cc，電鍋外鍋加 1 杯水煮熟。❷、❸

3. 絞肉中加入醬油、胡椒粉、油蔥酥、蛋白液攪拌均勻。❹

4. 黑木耳加入湯中，加絞肉輕輕拌開，外鍋也加進一半的水煮熟。❺

5. 加麵疙瘩、鹽、柴魚粉，蛋黃加入拌開煮熟，灑上香菜及白胡椒粉。❻

當餐沒食用完畢的麵疙瘩會有點糊，口感也差一些。既然已經糊了，何不熬成粥品？這樣口感上反而較能平衡，味覺上它就是糊狀的鹹粥。為了加快料理速度，我不再加入白米，而是添加快速沖泡的麥片，麵疙瘩加熱後再加入，很快就膨脹成為糊狀，也不必再費心熬煮。

麵疙瘩麥片粥

材料
什錦麵疙瘩 1 碗、麥片 1/3 碗、水 2 碗、雞蛋 1 顆、鹽 1/5 匙、
柴魚粉 1 匙、胡椒粉少許、芹菜末 1 大匙

作法

1. 水加入麵疙瘩，擺放爐上以中火煮開。
2. 麥片入鍋拌勻，加鹽、柴魚粉。
3. 蛋打散淋進鍋中，立即熄火。
4. 芹菜末、胡椒粉加入即完成。
5. 等候 1~2 分鐘，等麥片膨脹熟透，即可食用。

海鮮茶碗蒸

🥣 2 人份　⏰ 20 分鐘

　　家人愛吃蒸蛋，一大碗只加鹽巴的蒸蛋，一旦端上桌，就能造成兩父子爭食，那場面看來實在有趣，這全是因為他倆都熱愛吃蛋的關係，爸爸愛把蒸蛋拌飯吃，兒子自然也有樣學樣跟著做，兩人都說這樣容易入口又美味。

　　當然我的蒸蛋不只這一味，香菇蒸蛋、玉米蒸蛋、干貝蒸蛋、海鮮蒸蛋……蛋好像加進甚麼食材都好吃，偶爾太忙碌忘記買菜，晚餐少一道菜也不必擔心，冰箱裡蛋架上隨時都擺著雞蛋，還有電鍋這個好幫手，我只需備好材料、擺進去，就能上菜了！

　　不過為了健康著想，倒是必須擔心他們吃太多蛋，我這掌廚人還是得控制烹調數量，免得早餐吃了荷包蛋，晚餐又再來個蒸蛋，再加上偶爾沒注意，可能外食時又不慎吃了滷蛋，或者下午時吃個茶葉蛋，那可就真的得擔心膽固醇數值了。

材料：

雞蛋 2 顆、蛤蜊 6 顆、蝦 2 隻、鹽 1/5 匙、水 200cc

作法：

1. 蛤蜊泡進鹽水 2~4 小時吐沙，洗淨瀝乾。

   Tip | 蛤蜊輕輕對敲，沒有空洞表示新鮮。

2. 鮮蝦去頭去殼，留下尾端一節殼，背部剖開 1/2，洗去腸泥。❶

3. 茶碗個別擺入 3 顆蛤蜊。❷

   Tip | 蛤蜊有鹹味，別放太多顆。

4. 雞蛋去殼，打散蛋液，加水和鹽拌勻。❸、❹

   Tip | 鹽巴也可不加，蛤蜊煮熟會釋出鹹味。

5. 細網漏勺擺茶碗上，蛋液緩慢過濾倒入。小湯匙撈除蛋液表面氣泡。❺、❻

   Tip | 蛋液不留氣泡，才會有美美宛如鏡面的蒸蛋。

6. 電鍋加 0.7 杯水，擺放蒸架，放入茶碗後，鍋蓋留一縫隙。❼、❽

   Tip | 留一縫隙可避免熱氣燜住，以防蒸蛋有氣孔。

7. 蝦子擺放在蒸蛋的上方，外鍋再加 0.3 杯水蒸熟。❾

8. 電源跳起即可取出蒸蛋。

Amanda 的料理新吃法 + recipe

蒸蛋攪散後會比蛋花湯的蛋液更顯鬆散，也沒特殊味道，加入任何食材料理都好，除了會讓清湯略顯混濁外，真的是放哪兒都不覺得突兀。煮燴飯、煮湯時、炒蔬菜時加入，更能增添一份鮮味。以下料理就是在炒蕈菇時加入，但因為我不想讓它變混濁也不希望撈不到蛋，特別留著塊狀加熱，海鮮蒸蛋浸濕後又多一層蕈菇香氣，而且家人也沒發現它是剩菜，還以為是我的創新手法呢！

菇菇炒蛋

材料
茶碗蒸 1 份、金針菇 1 把、鮮香菇 2 朵、筊白筍 1 支、胡蘿蔔 1 小段、蔥白 1 段、香菜 1 棵、油 1 匙、鹽 1/4 匙、柴魚粉 1 匙

作法
1. 蔥白去根洗淨，切段。香菜去根，洗淨切末。
2. 金針菇去頭，洗淨切小段。鮮香菇洗淨切絲。
3. 筊白筍去殼，切除根部粗纖維，洗淨切絲。胡蘿蔔去皮，洗淨切絲。
4. 炒鍋起鍋開小火，油入鍋爆香蔥段，改中火，加胡蘿蔔絲、筊白筍拌炒。
5. 加水 1/2 杯煮開，滾煮約 1 分鐘，加香菇及金針菇炒熟。
6. 以鹽、柴魚粉調味拌勻，蒸蛋下鍋不動，煮熱後加香菜，熄火起鍋。

Part 3

家常菜料理

家常菜是我最擅長、也最家常的料理，充滿家和媽媽的味道，

看似平凡，卻有著豐富多變的口感，

即便是剩菜，也有意想不到的創意，

讓每一道料理，呈現出另一種誘人的面貌。

誰說家常菜一定要煎煮炒炸呢？

用電鍋，就能夠做出一桌子色香味俱全的美味好菜！

高麗菜山藥肉捲

🍚 8 人份　⏰ 30 分鐘

　　愛吃關東煮的人肯定都認識高麗菜捲，使用一整片葉菜捲裏肉餡或魚漿餡料，匯集鮮味與蔬菜的鮮甜爽脆，是一道美味又兼顧營養的小吃。同樣的料理方式可以選擇高麗菜或大白菜，前者不宜蒸太久也不能用燜的，以免葉菜變黃；後者屬涼性食物，體質較弱者不宜常吃。

　　基本上我偏愛用高麗菜，因為口感較清脆，產季時不但非常甜而且很便宜，取幾片作肉捲，剩下的還可以清炒，或搭配火鍋、炒麵吃，做甚麼都很適合，可說是我最愛的蔬菜之一，同時非常耐放，冷藏十多天還能維持翠綠色澤。

　　冬季時記得多吃高麗菜，它屬於溫性蔬菜，多吃也不怕傷身體，蔬果要吃當季才便宜又實在，可別到了夏天再來買貴又難吃的高麗菜，尤其在颱風季節，一顆高麗菜往往要破百，甚至高達兩、三百元呢！

材料：

高麗菜葉 8 片、細絞肉 250g、胡蘿蔔末 1 大匙、山藥 1 小段、蔥 1 根、薑泥 1/4 匙、白胡椒粉、鹽 1/3 匙、麵粉 2 大匙、關東醬約半碗

作法：

1. 高麗菜切開中心菜梗，取下外層較大葉片清洗乾淨。❶、❷、❸

2. 山藥去皮洗淨，切丁。蔥去根洗淨切末。

3. 電鍋外鍋加入 1 大碗水，約 7~8 分鐘待熱水滾開，高麗菜梗入鍋燙軟，再將整葉入水燙軟，取出放涼擰除多餘水分。❹

4. 菜梗朝上，葉片平鋪砧板，葉梗較厚部分取刀斜切取下一半，減少梗的厚度。❺

> **Tip** | 葉梗較硬，片薄變柔軟較容易捲裹。

5. 細絞肉、胡蘿蔔丁、蔥末、薑泥、鹽、醬油、白胡椒粉拌勻。❻

6. 肉餡順著同一方向攪拌 3~5 分鐘增加肉的黏稠度，拌入山藥丁。

7. 高麗菜展開平鋪，靠梗的部分鋪上 2 大匙肉餡，朝葉子捲裏。❼、❽

8. 捲一圈將兩旁邊葉子往內折，葉尾端抹上少許麵粉糊，收捲整個葉片，擺放至深盤中。❾、❿

9. 電鍋擺放蒸架，置入高麗菜捲，外鍋 1 杯水，按下電源蒸熟。⓫

Tip | 蒸 2 分鐘內即取出，高麗菜不宜燜太久，顏色會變黃。

10. 取出切開淋上醬汁即可。

附注

切下的菜葉可切末加入肉餡中，或是加入其他料理烹調。如若不沾食關東醬，調味中的鹽可增加至 1/2 匙。

關東醬（甜不辣醬）

材料：

細味噌 1 大匙、自製甜辣醬 2.5 大匙、醬油膏 1 匙、糖 1 匙、水 1 杯、太白粉約 1 匙

作法：

1. 甜辣醬放置小鍋加醬油膏、糖、水 2/3 杯攪拌均勻，置入電鍋，外鍋 1/2 杯水煮開。

2. 不蓋鍋蓋，外鍋 1/2 杯水再煮開，細味噌加水 1/3 杯拌開，加入甜辣醬鍋。

3. 試味道確定鹹甜度適當，調太白粉加水 1：2 拌入勾芡，至適當濃稠度即可。

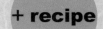

有蔬菜、有肉末的菜捲算是營養比較均衡的食物,不過高麗菜蒸過多次後,不僅顏色會變黃影響視覺及味覺,連味道都可能改變。因此這道料理特別注意加熱方式,再用燴汁去掩蓋可能變色的葉菜,讓人感覺不出來是剩菜,此外,也沒有再添加醬料,以免湯汁不清爽反倒影響食慾。

針菇燴菜捲

材料

高麗菜山藥捲 1 條、金針菇 1/3 把、胡蘿蔔絲少許、香菜少許、水 300cc、
鹽 1/3 匙、冰糖 1/2 匙、烏醋 1 匙、香油少許、太白粉 1 匙

作法

1. 金針菇去頭,洗淨切 3 cm 段狀。香菜去根洗淨切末。
2. 高麗菜捲退冰,置入電鍋外鍋加水 1/3,鍋蓋留一小縫蒸熱,取出擺盤切成 3~4 塊。
3. 水加入胡蘿蔔絲煮開,改小火煮 5 分鐘,加金針菇。
4. 等水滾煮 1 分鐘,加鹽和冰糖調味,太白粉水勾芡,熄火。
5. 羹湯加入烏醋、香油。
6. 菜捲擺盤,淋上羹湯,擺上香菜點綴。

鮮蝦粉絲煲

🍚 4人份　⏰ 25分鐘

　　冬季應邀至社區做無油煙料理教學，原以為來上課的學生應該都是年輕太太或新手媽媽，沒料到現場好多六、七十歲的媽媽，被她們喊老師真不習慣。

　　現場做個簡單調查，了解大家都喜愛電鍋料理的方便性，但是不懂得怎麼做變化，端出這道家常又簡單的菜餚，才剛擺好，鮮蝦都還沒下鍋蒸，現場的媽媽們就讚聲連連，感謝我教她們這道超簡單又能宴客當年菜的菜餚。

　　試吃時間學生紛紛詢問，沒看到加糖啊，味道怎會這樣鮮甜美味？而且粉絲好Q，蝦子也不會太老，原來家常料理也能如此變化。

　　沒想到這麼一道簡單家常菜餚竟能受到大家的肯定及喜愛，即使做工簡單，稍加擺飾仍然色香味十足，端上桌宴客可是絲毫也不遜色！

材料：

帶殼鮮蝦約 12 隻、冬粉 2 把、薑 2 片、蒜頭 2 顆、蠔油 2.5~3 大匙、胡椒粉少許、青蔥 2 根、鹽少許、溫熱高湯約 300cc

作法：

1. 冬粉泡水約 20 分鐘，膨脹成透明狀，取出對切。❶、❷

2. 鮮蝦不去殼，剪除觸鬚，洗淨瀝乾。❸

3. 薑洗淨切末。蒜頭洗淨後，也去皮切末。❹

4. 蔥去根洗淨，1 根蔥白切末，另 1 根切長段再切絲。❺

> **Tip** 蔥絲泡水即成捲曲狀。

5. 冬粉對切，擺入有蓋陶鍋，加入熱水或高湯淹滿冬粉。

> **Tip** 高湯需略微燙手，水溫約 65 度。

6. 蒜末、薑末、蠔油、鹽、胡椒粉等全部辛香料加入冬粉攪拌均勻。❻、❼

> **Tip** 若無高湯，用清水需再加入 1 匙油攪拌。

7. 冬粉上方整齊擺入鮮蝦，蓋上陶鍋蓋。❽、❾

8. 電鍋外鍋加入 0.8 杯水，擺入陶鍋，蓋上電鍋蓋，按下開關蒸熟。

> **Tip** 使用大蝦，電鍋外鍋則用 1.2~1.3 杯水。

9. 端出粉絲煲，擺上青蔥絲。

> **附注**
> 蠔油味道足，若冬粉用量不多，不必再做調味。

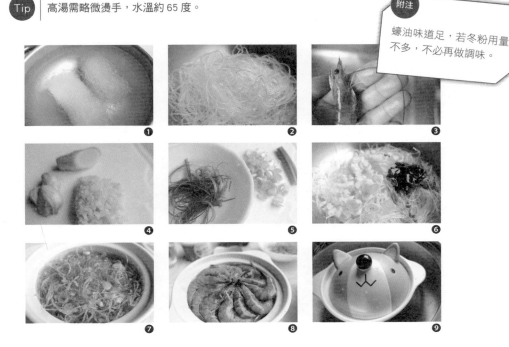

❶ ❷ ❸ ❹ ❺ ❻ ❼ ❽ ❾

　　煮過的粉絲再加熱容易變軟爛，因此不宜再久煮，最適合的加熱方式是高溫浸泡或快速拌炒，只要加熱速度快，口感差異就不會太大。這裡我把粉絲切碎與蔬菜拌炒，等菜熟透才加入攪拌，若不希望加熱太久，最好的方式是先取出冷藏室退冰，下鍋加熱時可更快速。

韭菜粉絲燴炒

材料
鮮蝦粉絲煲 1/2 碗、韭菜花 1 把、肉末 2 大匙、
蒜頭 1 粒、蠔油 1 大匙、油 1 匙

作法

1. 帶殼鮮蝦去殼切丁。粉絲隨意切末。
2. 韭菜花挑除根部粗纖維，洗淨切末。蒜頭去皮，洗淨切末。
3. 炒鍋起鍋開小火，油入鍋加蒜末炒香，肉末下鍋翻炒熟透。
4. 韭菜花下鍋，改中大火翻炒數下，加水 1/2 杯，加入蠔油。
5. 持續翻炒，水滾 1 分鐘後加入粉絲炒熱，熄火。

附注

鮮蝦粉絲只需加熱即可。

剝皮辣椒蒸肉丸

🍚 4 人份　⏰ 35 分鐘

　　蔭瓜仔肉是坊間自助餐常見的家常菜，和肉燥一樣非常下飯，作法很簡單，一般都是把肉末加辛香料一同炒熟，之後再加入醬瓜湯汁熬煮成肉燥，不過，這道香辣小丸子跟肉燥的作法稍有不同，但卻更簡單許多。

　　因為兒子小時候喜歡吃丸子，為了配合他的喜好，便把瓜仔肉改做成丸子，時間一久也就習慣這種方式，而且這樣一改造，反倒更方便食用，成了家裡的「暢銷菜」呢！

　　往常都只有加入醬瓜和蒜頭，這次我略做改變，多加了一點蔬菜均衡營養，味道也變得不一樣。肉帶些油脂口感會比較好，不過希望家人吃得健康，仍多半使用瘦肉或者只帶少許油脂的肉，讓口感稍微滑潤些。

　　特別提醒，由於剝皮辣椒屬於醃漬品，本身就有鹹味及甜味，因此最好別再添加額外的調味料，以免味道過重，反而不健康。此外，加入適量的洋蔥一起烹煮，會釋出淡淡的甜味，喜愛洋蔥的朋友不妨加多一點，可讓這道菜更甜、口感也更為清爽喔！

材料：

絞肉 300g、蔭瓜 1 大匙、蔭瓜汁 1 大匙、剝皮辣椒 3~5 根、辣椒醬汁 1 大匙、洋蔥丁 2 大匙、蒜頭 3 粒

作法：

1. 洋蔥去皮切丁。蒜頭去皮切細末。剝皮辣椒切丁。蔭瓜切丁。
2. 絞肉加入洋蔥丁、蒜末、蔭瓜汁及辣椒醬汁拌勻。❶、❷
3. 取平匙按壓絞肉成泥狀，繞圈拌勻產生黏性。❸
4. 加入蔭瓜丁及辣椒丁攪拌，抓起絞肉往鍋裡摔 20~30 下。

> **Tip** 肉摔過會比較扎實有彈性。

5. 手抓一團肉泥利用虎口擠壓收放，反覆多次擠成圓形，用湯匙取下，擺盤。❹

> **Tip** 每取下一顆肉丸，湯匙就必須過一次水，才不會沾黏導致下一顆丸子變形。

6. 肉丸子擺盤，至少間隔 0.3 cm 避免沾黏。❺
7. 視丸子大小，電鍋加水 0.8~1 杯，擺放蒸架，丸子擺入蒸煮。❻

> **Tip** 蒸好會有蒸氣及肉汁，不愛水太多怕稀釋味道的，可在餐盤上覆蓋內鍋蓋。

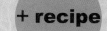

因為丸子中已經加有醃漬品，所以熬湯就不勾芡，調味也盡量少一些，改造料理也要維持健康原則，不使用骨頭高湯，單純用蔬菜熬出清甜高湯，再加上一些蝦皮或櫻花蝦增添香氣即可。

蔬菜丸子湯

材料

剝皮辣椒蒸肉丸 2~5 顆、大白菜 1/2 顆、胡蘿蔔 1/4 根、蒜頭 2 顆、櫻花蝦 1 大匙、鹽少許、柴魚粉 1 匙、植物油 1 匙、水 3 米杯

作法

1. 大白菜切開切除菜梗，洗淨切寬條。胡蘿蔔去皮切絲。
2. 蒜頭去皮洗淨切末。櫻花蝦洗淨瀝乾。
3. 炒鍋開小火，油入鍋爆香蒜末及櫻花蝦。
4. 加大白菜拌炒軟化，再加 3 米杯的水，用中小火把白菜煮軟。
5. 丸子下鍋煮熱，加入鹽和柴魚粉調味。
6. 熄火，加上香菜點綴。

清蒸小卷

🍚 4 人份　⏰ 20 分鐘

　　漁民捕撈小卷上岸，為了保持新鮮度會先汆燙熟透，再經過冰鎮冷藏出售，因此在超市見到的小卷幾乎都是熟的，購回只需沖洗加熱即可食用，不必擔心蒸煮或紅燒時間是否足夠，更不會有半生不熟的情形發生。

　　小卷有大小尺寸之分，小型的肉質較嫩且偏軟，中型的肉質稍硬一些，較有嚼勁，可視個人喜好做挑選，若家中有幼童及老人家，比較建議買小型小卷。

　　一般料理小卷，幾乎不切也不處理內臟，若不習慣或不喜歡吃得滿嘴黑，還是必須先處理過再蒸煮，切開後蒸煮時間也可縮短些，免得煮太久質地變得更加堅硬。

材料：

新鮮小卷 1 盒、嫩薑 1 小塊、青蔥 1 根、辣椒 1/2 條、醬油 1.5 匙、
柴魚粉 1/2 匙、水 2 大匙、油 1/4 匙

作法：

1. 嫩薑洗淨切絲。辣椒洗淨切片。
   青蔥去根洗淨切段。❶

   Tip ｜ 喜愛香味濃郁者，可加入 1 粒切片蒜頭。

2. 小卷清洗乾淨，大型小卷橫切兩刀
   不切斷，小型則不切。❷、❸

   Tip ｜ 小卷大多不處理內臟，整條蒸煮。

3. 小卷擺入深盤，鋪上薑絲、辣椒。❹

4. 醬油加水和柴魚粉攪拌均勻，淋在
   小卷上。❺、❻

5. 電鍋外鍋加 2/3 杯水，置放蒸架。

6. 小卷擺入，先蓋內鍋蓋，再蓋外鍋
   蓋，蒸熟。❼

7. 蔥段拌油，排放在蒸好的小卷上，
   蓋上鍋蓋，保溫燜 3 分鐘。❽

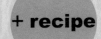
　　小卷蒸煮過後鮮味都流入醬汁，取這些醬汁來炒米粉更能增添鮮味，當然若是你愛湯米粉，也可以直接水煮米粉，再多加些柴魚粉調味，不過小卷已是熟食不宜再拌炒過久。煮湯也相同，在起鍋前加入拌勻即可，以免口感變硬。

　　炒米粉需要較多油脂，才不會乾澀難以入口，相反地湯米粉就沒有這個問題，因此若不愛油膩感，建議還是煮湯米粉比較合適。

小卷炒米粉

材料

小卷 6 隻、蒸小卷醬汁 5 大匙（或醬油 1.5 大匙）、水 2 杯、乾燥米粉 2 把、
綠豆芽 1 大把、芹菜 1 棵、油蔥 2 匙、柴魚粉 1 大匙、油 1.5 大匙

作法

1. 小卷摘掉頭部，小卷肉切塊去除內臟。
2. 綠豆芽摘除根部，洗淨。芹菜去根去葉，洗淨切段。
3. 煮開 2 碗水汆燙米粉 1 分鐘，撈出瀝乾，剪斷米粉。
4. 炒鍋熱鍋，開小火，油入鍋炒香櫻花蝦，淋上醬油熗鍋，加水、柴魚粉。
5. 改中大火把水煮開，加入米粉拌炒。
6. 米粉炒至入味，若水收乾，可適量加入少許熱水。
7. 加入豆芽菜及芹菜拌炒幾下，再加入小卷炒熱即可。

酸辣湯

🍚 4 人份　⏰ 40 分鐘

　　吃水餃搭配酸辣湯，好像變成一種習慣及規範，因此只要餐館有販售水餃就必定會有酸辣湯，配料顏色也很繽紛，白豆腐、米白竹筍、黑木耳、紅蘿蔔、綠香菜……，每一家添加的食材雖然大同小異，但大多料多味美。

　　配料中的黑色部分絕大多數都選擇黑木耳，只有少數選用豬血，兩相比較下，黑木耳不僅容易處理也更為健康，因此煮酸辣湯我都是添加黑木耳，還有若需煮素酸辣湯則只需要拿掉肉絲不加，素的可能甜味不足，可再增添適量蕈菇或是大白菜、高麗菜等包葉蔬菜增添鮮甜味。

　　煮一鍋好喝的酸辣湯其實很簡單，反而是準備食材最費時間，配料多且每種都必須切絲，若加上刀工不好可能得切好久才能完成備料，不過自己煮真的是料多味美，像是我的家人喜愛竹筍，我就會多加一些，讓他們每舀一匙都能撈到大量竹筍絲。

材料：

綠竹筍 1 支（或中型麻竹筍、烏殼綠 1/2 支）、瘦肉約 150g、
胡羅蔔 1/5 條、黑木耳 2 片、紅番茄 2 顆、金針菇 1/2 把、
豆腐 1/2 塊、雞蛋 1 顆、香菜 3 株、太白粉 3 大匙

調味料：

鹽、冰糖 1/2 匙、香油 1 匙、烏醋 3~4 大匙、白胡椒粉

作法：

❶

1. 竹筍去殼，削除粗硬外皮洗淨，橫切薄片再直切
   絲。金針菇去蒂，洗淨切段。胡蘿蔔去皮切絲。
   木耳去蒂切絲。豆腐橫切薄片再直切絲。❶

   Tip｜竹筍不可順著紋路切，逆紋切口感較好。

❷

2. 番茄劃十字刀，外鍋加 1 碗水煮開川燙，撈出去
   皮去蒂頭，切片。

3. 瘦肉逆紋切絲，下鍋前加入 3 大匙水攪拌。

   Tip｜多拌一會兒讓瘦肉吸收水分，煮好才不會柴。

❸

4. 竹筍加 8 杯水，擺入電鍋，外鍋加水 1.2 杯，煮
   約 25 分鐘。❷

   Tip｜竹筍燜煮時間足夠，口感才會好。

❹

5. 瘦肉加入攪拌，胡蘿蔔絲、番茄、黑木耳絲一起
   入鍋。外鍋再加水 1/2 杯續煮 10 分鐘。❸

6. 太白粉加水 3 大匙拌勻，淋入攪拌勾芡。❹

7. 豆腐、金針菇、鹽、冰糖入鍋，外鍋再加 1/3 杯
   水煮熟。❺

❺

8. 雞蛋打成蛋液繞圈加入，等候約 20 秒再拌開。

9. 香油、烏醋、白胡椒粉加入拌勻。

10. 加入香菜末即完成。

+ recipe

　　酸辣湯已經添加了又酸又辣的配料，改造成其他料理不容易去除這些味道，既然如此，倒不如再增加酸辣讓味道更為極致。

　　想起我第一本書《30分鐘，動手做醃漬料理》裡面的韓式泡菜，醃漬約十數天後發酵出的足夠酸味，可取出搭配料理，且自己做的泡菜還帶有果香，也讓這道湯頭更為香甜。

酸辣泡菜年糕

材料
酸辣湯 1.5 碗、寧波年糕 1 碗、瘦肉絲少許、小洋蔥 1/2 顆、韓式泡菜 1/3 碗、蒜頭 3 顆、青蔥 1/2 根、油 1 匙、水 1.5 碗

作法

1. 洋蔥去頭去皮，洗淨切絲。蒜頭去皮，洗淨切末。青蔥洗淨切末。
2. 寧波年糕用熱開水浸泡約 10 分鐘，泡軟取出。
3. 炒鍋起鍋開小火，油、蒜頭入鍋拌炒幾下，加洋蔥絲炒軟。
4. 瘦肉絲下鍋翻炒變白，加泡菜炒香。
5. 酸辣湯、水及年糕都入鍋，改中大火煮開。
6. 改中火持續攪拌，煮到年糕變軟，灑上蔥花即可。

附注
勾芡的湯及年糕的澱粉都讓湯頭更濃稠，因此必須攪拌，才能避免沾鍋甚至燒焦。

肉骨茶醉雞

🥣 4 人份　⏰ 60 分鐘

　　過年時大家搶買著醉雞回家當年菜，想起從小爸媽並不注重年菜，不知甚麼是醉雞，或許是本省家庭較為節儉，認為準備的年糕、雞、魚、肉已經很多，頂多再炒幾道蔬菜，煮碗豐盛的羹湯，意思一下也是一個年。

　　自小在農家長大，檸檬果園裡餵養的土雞，不注射任何抗生素或生長激素，既健康肉質也好，但是媽媽不注重料理，因此家裡的雞除了拿來做白斬雞之外，最多就是麻油雞跟酸菜雞湯。換我掌廚就不是如此，滷雞腿、炒雞肉、涼拌雞絲，各種燉雞湯輪著替換，醉雞自然也是其中一道，想吃就做，不必等過年！

　　料理的有趣就在於，同一種食材可以變化出這麼多不同的做法。你也愛吃雞肉嗎？推薦這道帶有些許異國風味的雞料理給你！

材料：

仿土雞腿 1 隻（約 600g）、米酒 1 大匙、鹽 1/4 匙

醬汁食材：

肉骨茶 1 包、蒜頭 2 大球或 12~15 顆、枸杞 1 大匙、米酒 100cc、
鹽約 1 匙、水約 700cc

煮醬汁作法：

1. 蒜頭一顆顆分開，不去皮、洗淨。枸杞洗淨瀝乾。❶

> Tip | 蒜頭外皮只需剝除最外層髒汙部分。

2. 肉骨茶包置入內鍋，加水浸泡 30 分鐘。

> Tip | 浸泡再煮較能釋放出中藥材的味道。

3. 加入蒜頭、枸杞，蓋上內鍋蓋。外鍋放 1.5 杯水，啟動電源熬煮肉骨茶，時間約 30 分鐘。❷

4. 關閉電源，加鹽拌勻，端出放置涼透，再加入米酒。

> Tip | 外鍋加 1/4 杯水煮沸醬汁，酒精略微揮發比較不嗆。

❶

❷

雞腿醃漬蒸煮作法：

1. 雞腿洗淨擦乾多餘水分，肉較厚實部位用刀割開，但不要切斷。❶

> **Tip** 按著直線紋路割開，盡量多切幾刀較容易捲裏。

2. 鹽巴加米酒攪拌溶化，均勻抹上雞腿內外側，置入冷藏室醃漬 1 小時。

3. 取一張比雞腿再大 20 cm 的鋁箔紙，雞腿肉朝上擺放，把雞肉往裡捲裏成圓柱形。❷、❸

> **Tip** 如果雞肉無法捲起，表示切割太少，再多切幾刀。

4. 鋁箔紙再包覆雞腿捲裏約兩圈，兩旁鋁箔紙往內收。

5. 外鍋加 1.5 杯水擺放蒸架及餐盤，雞捲放入蒸熟雞腿肉。❹

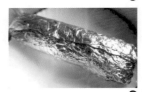

6. 取出雞腿放置完全涼透，拆開鋁箔紙。❺

> **Tip** 熱雞腿肉還沒定型，別擔心，只需等涼透後，其膠質便可具有沾黏性。

7. 雞腿與蒸煮湯汁一同加入肉骨茶湯，醬汁掩蓋雞腿。❻

8. 蓋上保鮮盒置入冰箱冷藏一天一夜。

> **Tip** 肉骨茶湯若沒有完全掩蓋，半天後需將雞腿捲翻面。

9. 撈除飄浮油脂，取出雞腿切片即可食用。❼

> **附注**
> 浸泡過的肉骨茶湯，可以拿來煮肉骨茶，加排骨或是雞肉燉煮，或是當火鍋湯底。

+ recipe

這道取浸泡茶湯及少許醉雞肉來烹調,浸泡醉雞的湯汁味道會比較重,因此必須再稀釋避免太鹹,中藥茶湯再搭配適量蔬菜,既清爽味道也更好。浸泡過的肉骨茶湯,可以拿來煮肉骨茶,加排骨或是雞肉燉煮,或是當火鍋湯底。

肉骨茶湯麵線

材料
肉骨茶湯 300cc、醉雞肉數片、白麵線 1 小把、
枸杞 1 匙、四季豆或豌豆 3 根

作法

1. 豆莢撕去外側粗纖維,洗淨切段。
2. 枸杞洗淨與肉骨茶湯擺入電鍋,外鍋以 2/3 杯水加熱。
3. 煮開 3 碗水,汆燙豆莢,撈出備用。
4. 同一鍋水,維持中大火,麵線下鍋即刻攪拌,避免麵線糊成一團。
5. 麵線浮上來再煮約 10 秒即撈出盛碗。
6. 肉骨茶湯加入麵線,擺上醉雞肉及四季豆。

滷牛腱

🍚 8人份　⏰ 60分鐘

　　在台灣還沒有進口牛肉的年代，牛肉麵餐館賣的都是台灣黃牛肉，不過鄉村務農人家，長輩多半不准孩子們吃牛肉，因為牛幫忙耕田，就算老死也不能吃牠的肉啊！此外，還有一部分人會因為習俗與信仰關係而不吃牛肉。

　　現在滿街牛排館賣的大多是澳洲牛或美國牛，還有少數高檔餐廳供應和牛，要再見到黃牛肉可說是難上許多，農村幾乎也見不到以牛耕作的務農方式了。

　　牛肉麵跟牛排一直是我的最愛，滷兩個牛鍵就有一鍋湯可以煮牛肉麵，老公一向不愛香料太重的食物，平常做豬、雞滷味，除了辛香料外，幾乎不會再添加任何中藥香料，唯獨牛腱肉不同，若不加上一些香料就是覺得不夠美味。

　　不過，為了保留牛肉本身的味道，香料仍不宜加太多，適度添加即可，滷好後的牛腱不僅不會太腥，甚至還帶有淡淡的牛肉香，至於牛肉部位，挑選則視個人喜好，我個人較偏好冷藏牛腱肉及其特殊的口感。

材料：

牛腱 2 個（約 1500g）、蔥白 5 段、中薑 1 塊、蒜頭 10 顆、八角 3 顆、桂皮 5 小片、花椒 2 大匙、辣豆瓣醬 3 大匙、冰糖 1.5 大匙、醬油 2 大匙、鹽 1/4 匙、油 1 匙

作法：

1. 牛腱削除多餘油脂，頭部若留有硬筋最好切除。❶、❷、❸

> **Tip** | 切下的皮及油脂留下。

2. 牛腱肉、牛腱頭及切下的油脂一起置入電鍋外鍋，加水淹過，按下電源煮開，滾個 2 分鐘關閉電源，取出食材洗淨浮末。❹、❺、❻

> **Tip** | 取竹籤在牛腱肉表面上刺一些小洞，較容易入味。❼

3. 蔥去根洗淨切段。薑洗淨切片。

4. 蒜頭不去皮洗淨，與八角、桂皮及花椒一同置入棉布袋。❽、❾

5. 外鍋洗淨擦乾，開啟電源，加入 1 大匙油爆香薑片、蔥段，加辣豆瓣醬拌炒。⑩、⑪、⑫

> Tip │ 辣豆瓣醬炒過，顏色才會鮮紅。怕辣者可減量或使用不辣的豆瓣醬。

6. 加水 12 量米杯，牛腱肉、牛腱頭、蔥段、裝袋香料、冰糖、醬油一起入鍋。⑬

> Tip │ 水量必須淹蓋過牛腱。

7. 蓋上鍋蓋，水滾後計時 30 分鐘，幫牛腱肉翻個面。

8. 再燉煮 20 分鐘，試一下醬汁，如果不夠鹹加入少許鹽巴。⑭

> Tip │ 滷製食物的湯汁味道需鹹一點，但也不宜太過死鹹。

9. 熬煮時間約 40~50 分鐘，取竹籤可刺入肉塊，取出牛腱肉。

10. 牛腱頭續煮 30 分鐘，關閉電源，與牛腱肉一同置入浸泡。

11. 醬汁涼透，置入冷藏室浸泡一天一夜。

> Tip │ 剛煮好還沒完全入味，浸泡入味再食用。

12. 取出冷藏牛腱肉切片食用。

> Tip │ 冷藏過再切，肉才不會散開，若需加熱，肉切好湯汁滾開再加入泡熱。

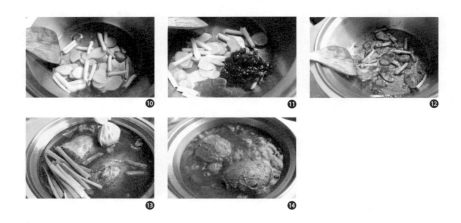

⑩　　　　　⑪　　　　　⑫

⑬　　　　　⑭

Amanda 的料理新吃法

+ recipe

　　滷牛腱的湯就是最好的牛肉湯，只要煮熟麵條加些青菜和牛腱肉，就是好吃的牛肉麵了，或是把冬粉或米粉直接加入牛肉湯中煮熟。不論搭配哪一種，一定都要再加些水稀釋，以免味道過鹹。

　　這裡不示範牛肉麵，來介紹我最愛的牛肉捲餅。若是不想自弄餅皮，可以用現成的蔥抓餅替代，雖然油膩些但比較香酥，夏日使用春捲皮會更清爽，不同餅皮有不同口感，都可嘗試做看看。

蔥花牛肉捲餅

材料

滷牛肉 3 片、青蔥 1 大匙、小黃瓜 1/3 條、冷凍蔥抓餅 1 片

作法

1. 小黃瓜洗淨擦乾，切薄片。蔥末取蔥綠蔥白各一半。
2. 平底鍋起鍋開小火，蔥抓餅入鍋，小火烘烤退冰。
3. 餅翻面即改中火，兩面煎到金黃色澤。
4. 用兩支鍋鏟從餅兩側往內推再放，把餅皮推鬆散。
5. 擺入蔥花、牛肉片、小黃瓜片，捲起，對切成兩份。

 附注

蔥餅跟滷牛肉都有鹹味，可不再做調味。

沙茶炒牛肉

🥢 3 人份　⏲ 10 分鐘

　　熱炒店常見的基本菜色，以大火快炒出蔬菜的翠綠色澤，雖然電鍋的溫度沒有那麼高，但至少仍有家用瓦斯中火以上的熱度，要炒出翠綠蔬菜並不難。不過用電鍋炒菜有些步驟需作調整，直接下鍋溫度上不來，因此我用水炒法，用水的高溫來拌炒才能讓鍋子維持均勻溫度，蔬菜下鍋自然不會有炒太久，以及不夠翠綠、顏色變黃等問題。

　　空心菜易熟，若使用芥藍菜拌炒時間就需較長，且一開始加的水量至少要有 2/3 杯，才不會菜還沒熟水就乾了。如果一開始水量沒拿捏好也沒關係，只要再加水就可以，只是這時再增加的水必須使用滾燙的熱水，才不會讓溫度下降，影響青菜的色澤和熟度。

　　附帶一提，由於菜梗較硬，記得先把菜梗放入鍋中拌炒約 3 分鐘，再下比較快熟的綠葉，不然綠葉炒熟了，菜梗還沒有完全熟透，那可就不好吃了。

材料：

牛肉片 200g、空心菜 1 把、蒜頭 3 粒、辣椒少許、沙茶醬 1 大匙、
醬油 1 匙、鹽 1/3 匙、冰糖 1/4 匙、油 1 大匙

作法：

1. 空心菜去頭，洗淨切段。

2. 蒜頭去皮，洗淨切片。辣椒洗淨切片。❶

3. 電鍋外鍋洗淨擦乾，開啟電源，加入 1 大匙油。

4. 蒜片辣椒下鍋炒香，牛肉片下鍋快速炒開，肉半熟即關閉電源，取出一旁備用。❷、❸、❹

   Tip | 牛肉不宜炒太熟，口感會乾硬。

5. 電鍋加半杯水，再加入沙茶醬、醬油、鹽和冰糖。❺

6. 電鍋內醬汁煮開，加入空心菜拌炒軟化，約八分熟。❻

   Tip | 空心菜容易熟，水先煮開再下鍋，菜才不會變黃。

7. 牛肉片再次下鍋，等鍋裡的水再滾開，快速拌勻食材即可。❼

   Tip | 牛肉下鍋還會繼續熟成，因此拌炒至起鍋要迅速。

❶ ❷ ❸ ❹ ❺ ❻ ❼

附註 1
空心菜也可改用芥藍菜，兩種青菜都跟牛肉很搭。

附註 2
沙茶醬也可以自己做喔！請見我的第二本書《30 分鐘，動手做健康醬》。

空心菜有個很大缺點，就是容易變色，因為品種不同，有些才剛炒好就變黑，就算品質再好，也難保放涼後不變澀，因此隔餐再食用較不建議單獨加熱。如果一餐吃不完，可以把它變成豐富的鹹粥。

先煮一小鍋粥，隨意加上一些食材，然後再把剩下的沙茶牛肉加入，隔餐的空心菜因為加入粥中，不會聚集在一起，看起來也好吃些，而且這也是清冰箱的好時機，不要浪費食材，把隔餐的食物變好吃，一點都不困難喔！

沙茶牛肉蔬菜粥

材料
沙茶牛肉 1 份、白米 1 杯、高麗菜 1 小塊、胡蘿蔔 1 小塊、芹菜 1 棵、
胡椒粉適量、鹽和柴魚粉 1.5 大匙、白胡椒粉、油蔥酥 1 大匙

作法

1. 高麗菜洗淨切大丁。胡蘿蔔去皮切絲。芹菜去根去葉，洗淨切末。
2. 白米洗淨加水 8 杯，加入高麗菜、胡蘿蔔，電鍋外鍋加 1 杯水煮熟。
3. 沙茶牛肉連同醬汁一起倒入粥中，加油蔥，外鍋加水 0.3 杯。
4. 鹽、柴魚粉調味，加胡椒粉及芹菜末拌勻即可。

附注

白米可改用冷白飯 2 碗，外鍋用 0.6 杯水即可。

金針排骨湯

🍚 3 人份　⏰ 45 分鐘

　　年輕時不常煮金針湯，主因是它的鮮豔色彩讓我害怕，從小看爸爸曬菜乾，了解曝曬完成的乾燥蔬菜色澤應該比較晦暗，不可能還保有如此亮麗的色彩，果然，多年前新聞便報出市面上大部分乾燥金針都添加進不明物質，深怕吃多對身體不好，只得選擇不吃。

　　應邀上電視節目錄影聊年菜，現場有幾位前輩以專業知識教大家如何挑選天然無添加的安心年貨，發現選購其實也不難，盡量不要買散裝或可能放置過久造成氧化的金針，並選擇有信用的農場廠商品，太過鮮豔的金針大都燻了二氧化硫，帶有嗆鼻氣味，真正新鮮的金針花很漂亮，但只要一經加工，顏色便會稍微黯淡略帶淺咖啡色，雖然賣相較差，卻是最安心的食材。

　　近些年除了消費者開始關注食材的衛生安全，農家及製作場也漸漸了解唯有無毒食材才能在不危害國人健康的同時，亦維持自身良好的商譽，因此紛紛開始種植無毒蔬果、製作天然安心食材，對消費者來說，真是個天大的好消息。所以請別再以色取材，越漂亮的食物及食材，越要追根究柢，搞清楚弄明白，方能避免吃入更多對健康有疑慮的添加物。

　　燉排骨湯我不選肉多的小排骨，骨頭多燉湯反倒較為濃醇，喜愛肉多可選用梅花排肉質較嫩，或是大排，都是不錯的選擇。

材料：

金針 20g、排骨 300g、嫩薑 1 塊、青蔥或香菜 1 根、鹽 1 匙、
原色冰糖 1/2 匙、白胡椒粉適量、水 7 杯

作法：

1. 金針洗淨加水浸泡 30 分鐘，置入不鏽鋼鍋加水淹過 3 cm。❶、❷

2. 電鍋外鍋加水 1/4 杯，金針煮開汆燙，取出，水倒掉再洗一下。❸

   Tip　汆燙過才能去除可能含有添加物。

3. 排骨洗淨加水淹過，外鍋加 1/3 杯水煮開汆燙去血水，取出沖洗乾淨。❹、❺

   Tip　汆燙過才不會帶著血水雜質，湯頭較為清澈。

4. 排骨加水 6~7 杯，外鍋 1 杯水煮熟。❻

   Tip　電鍋開關剛跳起，需等候約 3 分鐘才能再煮。

5. 加入金針及薑絲，外鍋再加半杯水煮熟金針。❼、❽

6. 全部食材煮熟，加鹽、冰糖、白胡椒粉調味。

7. 起鍋前灑入蔥花或香菜增加香氣。❾

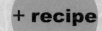

剩餘的排骨湯或雞湯最容易處理了，煮粥、加麵條都好，若怕味道被稀釋，可適量加入不需再熬煮的肉絲或海鮮，即可補充鮮味不足的問題。

蛤蜊金針粥

材料
金針排骨湯1碗、冷白飯1碗、蛤蜊6~8顆、青蔥1/2根、水2~3碗、嫩薑1小塊、香油幾滴、白胡椒粉少許

作法

1. 蛤蜊泡鹽水2~4小時吐沙，洗淨。
2. 嫩薑洗淨切絲。蔥去根洗淨切末。
3. 排骨食材先撈出，湯加水、白飯，中小火煮開，飯粒熬煮至軟爛。
4. 擺入金針和排骨，加入蛤蜊、薑絲，蛤蜊殼都打開即可熄火。
5. 將粥盛入碗中，灑上適量胡椒粉及蔥末。

透抽沙拉捲

🥣 3 人份　⏰ 30 分鐘

　　新鮮海產汆燙後沾食五味醬或簡單的哇沙米醬油，是傳統台式料理的吃法，幾乎每個家庭及海鮮餐廳都有這樣的料理方式。娘家的吃法算是很特別，也可能是南部特有，用的沾醬是味噌拌上少許醬油、砂糖、薑末，醬汁鹹中帶甜，與五味醬不同，沒有酸味卻多了分味噌醬香。

　　愛變化料理的我總思索著如何把海鮮做成涼拌或是沙拉，有時既要美味又得顧及健康養生確實不容易，多只能選擇其一。攝取過多的油脂熱量必須消耗掉才不會發胖，也只能再多吃些新鮮蔬菜加上運動。

　　這一道菜就是這樣設計出來的，加了沙拉醬當然得多配一些蔬菜，才不會讓口感太過油膩，蔬菜量多既清爽也開胃。

材料：

大型透抽 1 條、小黃瓜 1 條、胡蘿蔔 1 小段、薑 1 小塊、鹽 1 匙、
芥末沙拉醬 2 大匙

作法：

1. 透抽拉出頭部，保留身體形狀不切割，清除內臟，洗淨瀝乾。❶

   > **Tip** │ 不懂宰殺可請魚販幫忙，透抽保留完整形體。

2. 薑洗淨切片。

3. 電鍋外鍋加 3 碗水、鹽 1/2 匙，薑片加入，啟動電源煮開。

4. 透抽入鍋燙煮約 3~5 分鐘，撈出浸泡冰開水至涼透，撈出瀝除多餘水分。❷、❸

5. 小黃瓜洗淨切圓薄片。胡蘿蔔去皮切薄片。

6. 小黃瓜、胡蘿蔔加鹽 1/5 匙拌勻，浸漬 10 分鐘，擠出水分。❹

7. 胡蘿蔔與小黃瓜拌入芥末沙拉醬。❺、❻

8. 將拌好的蔬果沙拉塞入透抽腹部，盡量塞緊實。❼、❽

   > **Tip** │ 沙拉拌好立即填裝，避免放置過久出水。

9. 透抽橫切 1cm 厚度擺盤，可再擠些沙拉醬裝飾搭配。

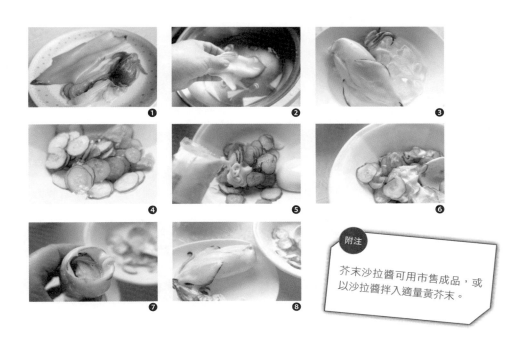

附注

芥末沙拉醬可用市售成品，或以沙拉醬拌入適量黃芥末。

Amanda 的料理新吃法

拌入沙拉的海鮮想做些改造好像不是那麼容易，不過沙拉醬偏西式，跟白醬味覺上也有些相似，除了多點酸多些油，差異性並不算太大，因此就用它來煮偽白醬義大利麵吧！再加些個人喜愛的香料，或許能擦出不一樣的火花，又變化出一道屬於你個人的口味料理。

海鮮沙拉義大利麵

材料
沙拉捲 1 份、義大利麵 1 人份、鹽 1/2 匙、蛤蜊 6 顆、九層塔少許、芥末沙拉醬 2 大匙、彩色胡椒少許、起士粉少許

作法

1. 沙拉捲切開成小丁。九層塔取嫩葉洗淨。
2. 蛤蜊浸泡鹽水吐沙，洗淨。
3. 水煮開約 1000cc，加鹽巴，義大利麵均勻入鍋。
4. 水再煮開即改中小火，按照包裝標示時間煮熟，示範麵條約煮 12 分鐘。
5. 義大利麵煮熟即撈出，不要煮過軟。
6. 另煮開 1 碗水加入蛤蜊，殼打開後，加入麵條、透抽沙拉及沙拉醬。
7. 麵條拌炒入味略微收汁，拌入九層塔即刻熄火盛盤。
8. 灑上適量胡椒、起士粉。

味噌燉肉

🍚6人份　⏰65分鐘

　　味噌有白與紅兩種，市面上普遍看到的都是白味噌，且味噌還分有細味噌跟粗味噌之別，超市賣場大多只有細味噌，喜歡粗味噌獨特口感的，可以上網查一下，有幾間公司是同時有販售的。

　　這裡要特別提的是，若購回的味噌擺放久了變黑，可別以為那是壞掉，事實上，顏色越深味道反而更醇，紅味噌即是如此，醃漬較久的味噌味道會更加濃醇。不過，不論哪一種味噌，基本上還是偏鹹，好在洋蔥熬煮後會釋出甜味，因此不需再添加任何調味料，更不需加入甜味劑，免得過鹹又過甜。

　　如不曉得哪裡能買到紅味噌，百貨公司及日式超市都能找到，傳統市場和南北貨商行也能買到，真的找不到，用顏色略深的味噌替代也可以，不過有些品牌鹽分偏高較鹹，怕鹹或是身體狀況不許可攝取過多鹽分的朋友們，還是斟酌著使用。

　　通常我喜歡取一些味噌燉肉澆上白飯，最後再灑上大量新鮮蔥末，若是不愛吃蔥，也可以改灑些白芝麻來增添不同的香氣。

材料：

紅味噌 100g、梅花肉 250g、蒟蒻 200g、洋蔥 1 大顆 300g、馬鈴薯 1 顆約 250g、胡蘿蔔 1/3 段、蒜頭 5 粒、醬油 2 大匙、味醂 2 大匙、水 600~650cc、油 1 大匙、青蔥 2 根

作法：

1. 蒟蒻洗淨切片，泡水 10 分鐘再洗過，內鍋加 3 杯水再加入蒟蒻，外鍋以 0.5 杯水煮開汆燙，撈出再洗淨。❶、❷

    蒟蒻有腥味，必須經過汆燙才能釋出。

2. 洋蔥去皮洗淨切大丁。豬肉洗淨逆紋切片。胡蘿蔔去皮切丁。青蔥去根洗淨切末。蒜頭去皮切末。❸、❹

3. 外鍋洗淨後擦乾，啟動電源，油倒入即加入洋蔥、蒜末。❺

4. 洋蔥及蒜末炒出香氣且軟化，加肉片翻炒至不見血色，關閉電源。❻

5. 洋蔥肉片盛入內鍋，加蒟蒻、胡蘿蔔、馬鈴薯和水 600cc。

6. 電鍋外鍋洗淨，加 2 杯水，將上述炒好食材擺入，蓋好內外鍋蓋烹煮。

7. 味噌加水約 80cc 攪拌開，與味醂同時加入煮好的食材中。❼、❽

8. 外鍋再加水 1/2 杯，再次烹煮，完成後最好保溫燜 1 小時以上再食用。❾

    味噌不宜久煮容易變酸，因此最後採用燜的讓食材入味。

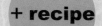

這道料理雖是鹹口味，但用的食材都有鮮甜味，還滿適合改造成鍋物或湯品，不過煮鍋物最好先用高湯或清水將不容易熟的食材煮透，之後再加入味噌以小火煮開，不宜用大火熬煮，否則會把味噌給煮酸了。綠葉蔬菜以容易熟為原則，這裡使用的是口感清脆的大陸妹。

味噌蔬菜湯

材料

味噌燉肉 1 碗、蛤蜊 200g、魚丸 5 顆、水 400cc、
綠葉蔬菜、青蔥 2 根、柴魚粉 1 大匙

作法

1. 水加入魚丸、煮開蛤蜊。
2. 加味噌燉肉，用小火煮滾。
3. 添加蔬菜與柴魚粉。
4. 熄火後灑上蔥末。

白菜滷

🍚 4 人份　⏰ 30 分鐘

　　這是道經典的台式小菜，屬於簡單又美味的平民美食，熬煮過程中完全不添加一滴水，就用白菜釋放出的水分熬煮至軟爛，原汁原味，非常清甜爽口，每回滷上整顆白菜，就能讓我家倆父子掃盤清空一滴不剩。

　　在社區教授無油煙課程，學員詢問滷白菜的作法以及滷的分量 1/2 顆會不會太多？其實就算滷上一顆也不算多，因為大白菜含水量非常高，熬煮後往往只剩下一小碟，對小家庭而言，一、兩餐一定能食用完畢。

　　還有人詢問那要加多少醬油？原來「滷」這個字讓大家產生好大誤會！這道料理還會搭配爆豬皮增加香氣及口感，但我很排斥豬製品，更怕購買到有豬騷味的豬皮，因此偏愛添加豆皮，雖然口感不同，卻有著類似的香氣，和我一樣不太喜歡豬皮的朋友可以試試。

材料：

大白菜 1 顆、胡蘿蔔 1/4 段、黑木耳 1 片、豆皮 5 塊、櫻花蝦 1 大匙、
蒜頭 3 顆、鹽約 1/4 匙、冰糖 1/3 匙或柴魚粉 1 大匙、油 1 匙

作法：

1. 白菜剝除外層過綠及髒葉片，對切開取下中心菜梗。❶

2. 用活水將整顆大白菜洗淨，瀝除多餘水分，切大塊。

   > **Tip** 菜別切太小，免得煮化了。

3. 豆皮泡水軟化，再洗幾次擠出油脂。櫻花蝦泡水約 10 分鐘，洗淨瀝乾。❷

4. 胡蘿蔔去皮洗淨，切片。木耳切絲。蒜頭去皮洗淨，整顆不切。❸

5. 電鍋外鍋洗淨擦乾，啟動電源，加入 1 大匙油爆香櫻花蝦、蒜頭。❹

   > **Tip** 傳統煮法是添加使用蝦皮，不過櫻花蝦更香。

6. 大白菜入鍋翻炒，加豆皮、蒜頭，蓋上鍋蓋燜煮 10 分鐘。❺

   > **Tip** 翻炒過程中若白菜沒出水，可加入 1/3 杯水。

7. 加入胡蘿蔔片及黑木耳拌炒，再蓋鍋蓋燜煮 10~15 分鐘。❻

8. 掀蓋觀察是否熟軟，加鹽及柴魚粉調味。❼、❽

小時候家中從未煮過滷白菜，倒是「扁魚白菜羹」常在節日及親友來訪時出現在餐桌上，當時這一道可是知名的宴客菜，喜宴上的配料自然比家中煮的要豐富，不過偶爾能吃上這一道菜，我們才不管配料有多少，那甜滋滋的蔬菜甜味及扁魚香酥味道就十分吸引人了。這裡是改用肉絲，偶爾我會做些肉丸子加入，一樣是瘦肉但是碎肉比較不澀，口感也好些，不論是擠肉丸子或煮肉丸子時間上都很快，跟肉絲相較也比較適合任何年紀食用。

扁魚白菜丸子羹

> **附注**
>
> 扁魚片也可不炸，用烤箱烘烤，低溫烘烤至酥香才沒有腥味。

材料
白菜滷 1 碗、絞肉 100g、扁魚乾 4 片、蒜頭 3 顆、醬油 1/2 匙、
鹽 1/2 匙、柴魚粉 1 大匙、烏醋 1~2 大匙、香菜 1 棵、
油 2 大匙、太白粉 2 大匙、水約 400cc

作法

1. 扁魚乾洗淨瀝乾，剪短。蒜頭去皮切碎。香菜去根洗淨切末。
2. 絞肉用湯匙略壓增加黏性，拌入少許蒜末、醬油醃漬 10 分鐘。
3. 炒鍋起鍋倒入 2 大匙油，微火炸扁魚乾至香酥金黃，撈出放涼，壓碎備用。
4. 湯鍋加水、蒜末煮開，改小火，手抓肉餡利用虎口收縮擠壓，擠出小丸子，湯匙取下入滾水，湯匙過水再取下一顆。
5. 肉丸子煮熟加入白菜滷、鹽、柴魚粉，水滾即加太白粉水勾芡。
6. 加入扁魚酥、烏醋、香油提味，熄火，灑上香菜。

香菇鑲肉

🍚 4 人份　⏰ 20 分鐘

　　瓜類、蕈菇及海鮮這些食材都可以做鑲肉，在我上一本書《30 分鐘，輕鬆做無油煙烤箱料理》中有一道釀青椒，就是類似的作法。

　　香菇鑲肉可視個人喜好選擇鮮香菇或乾香菇，差別只在前者清洗後就能使用，口感較軟 Q，香味也淡一些，後者則必須浸泡才能使用，但是香味濃，口感還帶點 Q 脆。

　　至於絞肉的選擇，使用全瘦細絞肉偏澀，可打些水進去或者添加少量蛋白液；若用的是帶有較多油脂的絞肉則不需加水，它本身所含的油脂就足以讓口感較為順口不乾澀。

　　做這道料理不需要另加澱粉，絞肉仔細攪拌即可產生黏性，不必擔心散開，只要注意一些小細節，蒸好的肉丸子還是會牢牢地黏在香菇上。

材料：

中型鮮香菇 12 朵、絞肉 150g、荸薺 2 粒、胡蘿蔔末 1 大匙、
蔥末 1 大匙、鹽 1/2 匙、香菜 2 棵

作法：

1. 鮮香菇洗淨，切除蒂頭，留下香菇，背面用紙巾
   按壓吸去水分。❶

2. 荸薺去皮洗淨，切細末，擰除多餘水分。❷、❸

   Tip｜減少荸薺水分，較為脆口。

3. 湯匙按壓餃肉略成泥狀，加入鹽、胡椒、胡蘿蔔
   末、荸薺及蔥末，攪拌均勻。❹

4. 順時鐘攪拌至肉末產生黏稠感，不會散開即可。

5. 香菇填入 1 匙肉餡，用湯匙背面塑形，擺盤。❺

   Tip｜肉餡按壓緊實才能避免脫落。

6. 電鍋外鍋加 0.8 杯水，香菇入鍋，按下電源蒸熟。

   Tip｜盤子可蓋小鍋蓋，再蓋電鍋蓋，避免水蒸氣太多。

7. 盛盤時，可以在每朵香菇鑲肉上，放上 1 片香菜
   葉做裝飾，會增加視覺上的享受喔！❻

+ **recipe**

　　清爽的香菇鑲肉味道單純，很容易做改造，只需將食物改個形狀，肯定沒人會注意到它其實是剩菜！可做成紅燒也可以煮羹湯，若有搭配蔬菜就不需熬高湯。快速把剩餘菜餚做變化，風味依然清爽美味。

菇肉蔬菜羹

材料

香菇鑲肉 3~5 個、高麗菜 1 塊、胡蘿蔔 1 小段、雞蛋 1 粒、
鹽 1/2 匙、水 600cc、香油少許、香菇粉或冰糖 1/2 匙、
蓮藕粉 2 大匙或太白粉 1.5 大匙、香菜 1 棵、白胡椒粉少許

作法

1. 鑲肉上的肉丸子取下切片，香菇切絲。
2. 高麗菜洗淨切寬條。胡蘿蔔去皮切絲。
3. 雞蛋蛋液打散。香菜去根洗淨切末。
4. 湯鍋加水、高麗菜、胡蘿蔔絲煮開，小火煮約 3~5 分鐘。
5. 香菇、肉丸片下鍋再煮開，蓮藕粉加水 4 大匙拌勻淋下勾芡。
6. 蛋液繞圈加入，靜置 5 秒再攪拌，煮熟。
7. 鹽巴、冰糖調味，熄火。加香油、胡椒粉、香菜。

泰式酸辣拌海鮮

🍚 3 人份　⏰ 20 分鐘

　　接觸各國料理後，發現泰式跟日式料理最為清爽，不像中式料理總較為油膩。我家以中式料理為主，這幾年也逐漸改變做法，減少油炸，原本炒菜加入的油並不算多，但仍為了家人健康改成水炒方式，自然可以再減油量。

　　泰式菜餚又酸又辣很開胃，非常適合炎熱的夏天食用，而且菜中也很少添加油脂，熟食海鮮搭配新鮮蔬果不僅清爽好吃更對味，泰式作法的醬汁除了極酸極辣之外，還必須搭配鮮腥的魚露才好吃。

　　如果你特別喜愛酸辣料理，相信這一道一定適合你，只要再多準備 1～2 倍分量的醬汁，還可以加入冬粉或麵條，拌一拌就成為主食囉！

材料：

帶殼中型蝦 12 隻、中型透抽 1 條、
小黃瓜 1 條、小番茄 10 顆、薑 5 片

醬料食材：

魚露 2 匙、蒜頭 3 粒、嫩薑末 1/2 匙、
辣椒 1~2 根、甜羅勒或九層塔 1 把、
檸檬汁 2 大匙、味醂 2 大匙

醬汁製作：

1. 蒜頭洗淨去皮切細末。辣椒洗淨切末再切碎。

2. 檸檬擠出湯汁。九層塔取下葉片，洗淨切碎（泰國使用的是甜羅勒）。

3. 魚露、味醂、檸檬汁備好，切碎香料全部加入攪拌均勻。

> **Tip** | 試一下味道是否足夠，再增添。

作法：

1. 蝦洗淨去殼，背部用刀劃開，取出腸泥再洗淨瀝乾。❶

2. 透抽拉出頭，去皮去內臟，洗淨切 0.5 cm 圈狀。❷

3. 電鍋外鍋加水約 2 碗及薑片，按下電源煮開。

> **Tip** | 加薑片可去腥味。

4. 透抽入鍋燙煮約 3 分鐘，熟透即撈出瀝乾，浸入加冰塊的冰水中。❸、❺

> **Tip** | 海鮮汆燙過再冰鎮會更脆口。

5. 鍋裡的水再煮開，加入鮮蝦汆燙，時間約 2 分鐘撈出瀝乾，浸入加冰塊冰水。❹、❺

6. 小黃瓜洗淨切超薄片。小番茄洗淨，對切。

7. 海鮮涼透即撈出瀝乾擺盤，小黃瓜片及小番茄擺入海鮮中。❻

8. 醬汁淋下，拌勻即可食用。

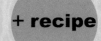
拌海鮮添加的酸辣醬汁正好可直接做酸辣海鮮湯,不需要另外準備高湯,只要有洋蔥跟蛤蜊,熬出來的湯就很鮮美,而泰式湯頭至少需要添加許檸檬香茅,新鮮品較不易取得,可在百貨公司的超市或是大型的超市購買乾燥品或是粉末使用。

細看食材,發現除了魚露之外不需再添加調味料,因為蛤蜊已有鮮味,洋蔥煮軟也會釋放出甜味,根本不必再添加甜味劑。

酸辣海鮮湯

材料

酸辣拌海鮮半碗、蛤蜊200g、洋蔥1小顆、檸檬香茅3片、辣椒2條、薑2片、九層塔或羅勒少許、檸檬汁 1~2 匙、油 1 匙、魚露 1 匙、水 600cc

作法

1. 蛤蜊浸泡鹽水 2 小時,取出洗淨。
2. 洋蔥去皮洗淨切絲。辣椒切末。九層塔取葉片洗淨。薑切絲。
3. 檸檬香茅、洋蔥加水煮開,小火熬約 5 分鐘,煮到洋蔥透明軟化。
4. 改中大火,加入蛤蜊煮開,再加入海鮮、辣椒、薑絲和魚露,水滾後即可熄火。
5. 檸檬汁及九層塔加入即完成。

涼拌茭白筍

🍚 3 人份　⏰ 20 分鐘

　　有美人腿稱號的茭白筍一直是我喜歡的蔬菜，在不想買一大支竹筍或是沒有筍子的季節，我總愛拿它替代，口感上雖然沒那麼脆口，但料理時間非常快速，光這一點就足以讓忙碌的家庭主婦將它納入常備菜中了！每年 4~10 月是茭白筍的產季，盛產時享用，味道絕對是最鮮美的。

　　筍子好吃價格卻不便宜，只要看到便宜一半以上應該都是接近老化的了，那麼茭白筍又該如何挑選呢？既然有美人腿之稱，當然要選擇白淨細嫩且瘦長型的。若色澤偏綠又短胖，大多已接近老化，纖維較粗，口感自然也差很多。

　　茭白筍切開若見到小小的黑點，可別以為它壞掉了，那是幫助茭白筍成長的菌，怕萬一來不及採收而大量產生的孢子，也是對身體有益的物質，大可安心把它們通通吃光光。

材料：
....
茭白筍 4 根、胡蘿蔔 1 小段、蒜頭 2 粒、辣椒少許、青蔥 1/2 根、香菜 1 棵、醬油 1 匙、鹽 1/6 匙、烏醋 1.5 匙、味醂 1 匙、香油少許

作法：
....
1. 茭白筍去殼，削除根部粗纖維，洗淨切滾刀塊，擺入寬盤。**❶**、**❷**

   Tip│切滾刀塊較為脆口，沾醬也可沾較多面。

2. 胡蘿蔔去皮洗淨，切薄片，與茭白筍同置於盤中。

   Tip│蒸煮時間短，胡蘿蔔切薄片才能煮軟。

3. 蒜頭去皮切末。青蔥去根洗淨切末。辣椒洗淨切末。香菜去根洗淨切末。**❸**

4. 電鍋外鍋加水 0.6 杯，置放蒸架，茭白筍、胡蘿蔔入鍋蒸煮，電源跳起後燜 5 分鐘即取出。**❹**

   Tip│茭白筍很容易熟，蒸煮的水不宜超出 0.6 杯。

5. 趁熱加入醬油、烏醋、味醂攪拌均勻，多拌幾次放置涼透。**❺**

6. 加入辣椒、蔥末再攪拌均勻。**❻**

   Tip│冷食可置入冷藏室 30 分鐘冰鎮。

7. 食用前再加入香油及香菜末拌勻即可。

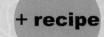

+recipe

拌筊白筍的醬汁很清爽，主要以辛香料居多，所以這一道可再添加進蕈菇拌炒，另需加點鹽巴、肉末、肉絲或魚片等配料提鮮，或增加少許醬油做成下飯的鹹口味，多了肉也要多點辛香料，才能讓味道更好。

鮮筍炒肉末

材料

涼拌筊白筍 1 份、肉末或肉絲 50g、乾香菇 1 朵、蒜頭 2 粒、紅蔥頭 1 粒、醬油 1 匙、油 1/2 匙、香油少許、香菜 1 棵

小技巧

若沒時間準備，可改用新鮮香菇2朵。

作法

1. 乾香菇洗淨泡水約 30 分鐘，再洗淨去梗切絲。
2. 蒜頭去皮洗淨切末。紅蔥頭去皮洗淨切片或末。香菜去根洗淨切末。
3. 炒鍋起鍋開小火，油入鍋炒香蒜末及紅蔥末。
4. 肉末入鍋翻炒熟透，加入醬油和 1/2 杯水煮熟。
5. 筊白筍入鍋炒約 2 分鐘充分吸收醬汁，加香油、香菜末拌勻。

涼拌蓮藕

🍜 4 人份　⏰ 20 分鐘

　　台南白河是蓮藕產地，入秋到年底都是盛產期，此時蓮藕口感鬆軟好吃，購買時選擇肥胖飽滿、孔洞較大的，若略帶泥土表示剛採收最為新鮮，不經水洗反而容易保存，只需用紙包裹再套上塑膠袋置入冷藏，約可儲存一週。

　　若已經過水洗處理，注意外表需沒有傷口，也不要選擇顏色太白者，很可能被不肖商人漂白過，水洗過的蓮藕不宜久藏，最好兩天內就料理完畢。

　　蓮藕涼拌或燉湯都很美味，也可水煮後打汁飲用，宴客時最愛做一份桂花糖藕當甜點，不僅美味也常贏得賓客們的讚賞，只是做工稍嫌繁複還得久煮，而這道涼拌料理則不需如此麻煩，只要燙熟拌入醬汁即可，非常適合當成開胃前菜。

材料：

蓮藕 1 根約 500g、辣椒少許、嫩薑 1 小塊、無糖果醋 1 大匙、
檸檬汁 1~2 大匙、細冰糖 2 大匙

作法：

1. 蓮藕表面若帶有泥土，沖水後用軟刷刷洗乾淨。❶

   Tip｜帶著濕黏泥土的是剛採收的新鮮蓮藕。

2. 按蓮藕節切斷，切除蓮藕節。❷

   Tip｜準備一鍋淡鹽水。

3. 取刨皮刀削去表皮，凹陷處不易刨除則先切斷再削。❸

   Tip｜刨皮刀有分去厚皮和去薄皮的，請使用去薄皮刨刀。

4. 蓮藕去皮馬上浸泡淡鹽水中，避免氧化變黑。

5. 蓮藕橫切薄片，切好仍浸回鹽水中。❹

6. 撈出蓮藕洗淨，重新加水淹過，置入電鍋，外鍋加 0.7 杯水煮熟。❺

   Tip｜保持蓮藕爽脆口感，不宜蒸煮太久。

7. 煮好蓮藕隨即撈出放涼，煮蓮藕的水可加少量冰糖飲用。

8. 嫩薑洗淨切絲。辣椒洗淨切末。❻

9. 蓮藕片加蓮藕水 5 大匙，嫩薑絲、辣椒、冰糖、果醋、檸檬汁攪拌均勻，浸漬 1 小時入味即可食用。❼

+ recipe

　　蓮藕拌過糖醋醬汁口感酸酸甜甜的，若不想大改造可挑選喜愛的生菜蔬果拌入，變化成另一道稍微不一樣的生菜沙拉。

　　不過這裡我一樣加入水果，使用生食美味、入菜有酸甜香氛的蘋果，熬煮好的湯汁又增添果酸及果香，再加入少許海鮮，綜合出的酸香甜鮮口感，肯定也能刺激你的味蕾。

蘋果蓮藕羹

材料

涼拌蓮藕少許、小型蘋果 1 顆、蛤蜊 5~10 顆、嫩薑 2 片、芹菜末 1 匙、蓮藕粉 1 匙、鹽適量、冰糖 1/4 匙、香油少許

小技巧

不想花時間浸泡，
可改用鮮蝦。

作法

1. 蛤蜊浸泡鹽水去除泥沙。
2. 嫩薑切絲。蘋果去皮切片。
3. 蘋果加水 400cc 滾煮 5 分鐘。
4. 蓮藕、蛤蜊入鍋煮開，加薑絲、鹽、冰糖。
5. 蓮藕粉加水拌勻，淋入湯裡勾芡，熄火。
6. 加香油及芹菜末。

水波蛋油醋沙拉

🍚 1 人份　⏰ 20 分鐘

　　水波蛋是利用水的波動來做水煮蛋，因為水是流動的，蛋下鍋就在水中飄浮著不會沉澱在鍋底。煮水波蛋會失敗原因有二：蛋不新鮮以及水波流動速度太慢，不過也不宜讓水波太快，以免離心力把蛋給甩變形。

　　蛋新鮮與否只要帶殼擺入水裡便知曉，馬上沉底是最新鮮的，反之飄浮著表示新鮮度不夠；若蛋去殼，發現蛋白水水的不夠黏稠，或蛋黃成平面不突出，也是鮮度不足的證明。

　　新鮮度差的蛋煮水波蛋，一下鍋蛋白就會散開，賣相肯定差很多，所以買雞蛋時仍要多注意一下新鮮度再買。

　　這道西式沙拉使用的生菜都是超市容易購得的種類，生菜可自行搭配更換，原則上與水波蛋及油醋醬的味道都不至於不合。

材料：

雞蛋 1 顆、厚吐司 1 片、蘿蔓 2~3 片、黃甜椒 1/4 顆、小番茄 5 顆、
帕馬森起士粉少許、鹽 1/2 匙、白醋 1 匙

油醋醬：

無糖果醋 1 大匙、橄欖油 1 大匙、海鹽 1/4 匙、砂糖 1/4 匙、
黑胡椒 1/2 匙、檸檬汁 1 大匙

作法：

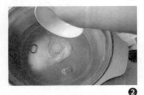

1. 外鍋加水 1000cc，加白醋 1 大匙，鹽 1/2 匙，
   按下電源約 10 分鐘煮開。❶

2. 取湯勺在水裡慢速轉圈，確定水持續繞圈，
   敲破蛋殼把蛋液倒入鍋心。❷

   Tip │ 若水轉動很慢要停滯了，即刻取湯勺從鍋子周邊再
   慢速繞圈。

3. 蛋白逐漸變白再煮約 1~2 分鐘，小心撈出放
   涼。❸

4. 完成的水波蛋是半熟蛋白及全生蛋黃。

   Tip │ 若無法適應太生的蛋黃，可多煮 1 分鐘。

5. 擦乾電鍋外鍋底，按下開關，擺入吐司烘烤
   微焦，取出切大丁。❹

6. 蘿蔓用過濾水洗淨，手剝小塊。黃甜椒洗淨
   去籽切絲。小番茄洗淨對切。❺

7. 生菜裝盤，淋上油醋沙拉醬，擺上吐司及水
   波蛋，灑黑胡椒粒、起士粉。

蘿蔓不適合炒煮，因此重新拿來入菜可增添食材做成涼拌，這裡我加入米粉及泡菜，除了增加飽足感也因為韓式泡菜味道較重，與油醋醬和起士粉的味道不會產生衝突，米粉吃起來也爽口。天氣熱可將米粉冰鎮再食用，天氣涼則可做溫熱拌米粉，一樣爽口不影響味道，只是綠色生菜要盡快食用，免得被米粉熱氣給燙黃了。

沙拉泡菜拌米粉

材料
油醋沙拉 1 份、細米粉 1 把、生菜少許、
羅勒少許、韓式泡菜 3 大匙

作法

1. 煮開 3 碗水燙煮米粉，煮熟撈出，浸泡冰水 3 分鐘，撈出瀝乾，剪短。
2. 羅勒摘下葉片，洗淨切絲。
3. 米粉拌入油醋沙拉、泡菜及泡菜汁。
4. 生菜鋪盤，拌好米粉擺入盤中即可食用。

蘿蔔燉排骨酥

🍚 5人份　⏲ 45分鐘

　　小吃攤蒸籠裡的香菇雞、蘿蔔排骨酥、苦瓜排骨湯，道道都是出外人思念的道地家常湯品，而這些只需一台電鍋就能輕鬆燉煮出相同的美味。

　　這道湯的靈魂食材是炸得香噴噴的排骨酥，每家作法大同小異，差異在於使用的排骨，還有醃漬的香料以及手法，有些店家喜歡用中藥香料，有些則偏向使用新鮮辛香料來醃漬。

　　我習慣使用少量料理香料及台式醬汁來做醃漬醬，也不是甚麼特殊的香料，在超市及傳統市場都能找到。照顧家人的胃真的很簡單，未必得高價山珍海味，有時僅僅垂手可得的簡單食材，就能讓他們時時念著家中的媽媽菜。

材料：

豬小排 300g、白蘿蔔 1 條約 800g、油 100cc、海鹽約 1/2 匙、
冰糖 1/2 匙、香菜 2 株、白胡椒粉少許

醃排骨香料：

五香粉 1/5 匙、白胡椒粉 1/4 匙、蒜泥 1/4 匙、醬油 1 匙、砂糖 1/4 匙、
米酒 2 大匙、地瓜粉或木薯粉 3 大匙

作法：

1. 排骨洗淨，取餐紙巾吸除多餘水分。

2. 醃排骨香料除了地瓜粉之外，全部加入排骨。帶上手套拌勻香料，小心
    抓捏排骨讓香料吸收。❶、❷

3. 香料抓捏均勻，再加入地瓜粉拌勻成濕潤粉漿。❸、❹

4. 排骨置入保鮮盒，擺進冰箱冷藏一日入味。

5. 電鍋外鍋洗淨擦乾，開啟電源烘乾，等鍋底溫度升高。

6. 油入鍋，待燒煮出現油紋時，小心擺入排骨。❺

Tip｜**手距離油鍋 10 cm 感覺熱度夠不夠。**

7. 油炸過程中不宜亂動排骨，電鍋溫度過高會有安全裝置自動跳起。

8. 將排骨全部翻面，一樣等到電鍋跳起，續炸約 2 分鐘取出。❻

Tip｜**電鍋開關跳起先不關電源，保溫鍵可讓油保持高溫，排骨才不會吸附太多油脂。**

9. 取紙巾吸附排骨上的多餘油分。

10. 白蘿蔔洗淨去頭尾，去皮，切 1 cm 塊狀。❼、❽

11. 蘿蔔加水 9~10 杯，外鍋加水 1~1.3 杯燉煮。

Tip｜**先燉蘿蔔，湯頭才不會糊掉。**

12. 加入排骨，以鹽和冰糖調味，外鍋加 1/2 杯水燉煮入味。❾

13. 灑上白胡椒粉及香菜末。❿

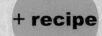

蘿蔔與排骨的組合清甜爽口，就算是剩菜一樣很美味，用這道湯頭煮麵、煮粥都好，加一把冬粉吸飽湯汁，那鮮甜的滋味更是不在話下！趕快也來試做看看吧！

蘿蔔排骨酥冬粉

材料
蘿蔔排骨酥湯 2 碗、冬粉 2 把、烤蔥酥 1 大匙、小白菜 1/2 把、香菜 2 棵、鹽和冰糖少許、水或高湯 2 碗、白胡椒粉

作法

1. 冬粉泡水半小時軟化。小白菜去根洗淨切段。香菜去根洗淨切末。
2. 蘿蔔排骨撈出，蘿蔔湯加入高湯、冬粉，用中火煮開，改小火煮熟冬粉。
3. 加入蔥酥，再加入預先撈出的蘿蔔排骨酥煮開，加小白菜、鹽、冰糖略滾，熄火。
4. 灑上白胡椒粉拌勻，最後加上香菜末。

鳳梨苦瓜雞湯

🍚 4 人份　⏰ 45 分鐘

　　燉雞湯前我得先提醒料理初學者，要燉出一鍋好喝的雞湯一定要購買成熟雞隻，快速養成的雞只能做炸物料理不能燉湯，因為養殖時間太短，雞骨架不夠成熟，自然也燉不出骨質的甜味，這一點一定要記得！

　　至於哪裡能夠買到成熟雞呢？這種雞大多在傳統市場中銷售，可找尋專賣雞肉的攤販，除了土雞和仿土雞之外，也可能還有其他品種，但大多不會有肉雞，而且市場上的專營攤商不僅販售全雞，也能單獨購買雞腿、雞翅、雞胸或雞爪，雞內臟也是分開販售，非常方便。

　　至於肉質，仿土雞的肉質就不錯了，放山土雞更好，喜愛硬Ｑ口感者請挑公雞，偏愛軟Ｑ口感則選母雞，不過母雞的肉質比較油膩，料理前必須把脂肪剝除乾淨，脂肪大多藏於皮下，最好能把雞皮完全去除。

材料：

帶骨大雞腿 1 隻、白苦瓜 1 條、醬鳳梨 4~5 塊、薑 1 塊

作法：

1. 雞腿切塊洗淨，剝除多餘油脂。❶

   Tip｜剝除才能避免吃下過多油脂。

2. 置入內鍋加水淹過，外鍋 0.6 杯水煮開汆燙。❷

   Tip｜以冷水開始加熱才能釋出血水。

3. 取出雞腿清洗乾淨，再加水淹過約 10 cm。

4. 苦瓜用軟刷清洗乾淨，對開去籽切塊。❸、❹

   Tip｜苦瓜外皮不平整，需仔細清洗。

5. 電鍋外鍋加 2 杯水，內鍋擺入雞腿、苦瓜、醬鳳梨，水需淹過食材約 5 cm。❺

   Tip｜用電鍋料理水分不太會流失，別加過多的水。

6. 開關跳起續燜 5 分鐘，加入薑片。❻

7. 外鍋再加 1/4 杯水，待開關可按下即啟動。

8. 試喝雞湯，味道應該鹹甜與鮮味都足夠。若感覺不足，再適量添加鹽及冰糖。

❶ ❷ ❸
❹ ❺ ❻

附注

使用的醬鳳梨，於我的作品《30 分鐘，動手作醃漬料理》中可找到作法。

這道湯品在我家會剩下的大多是雞肉，苦瓜要是買太小條，肯定很快被搶食一空，也因此我總是準備大苦瓜，而雞腿買小隻的就足夠，免得隔餐還有雞肉剩下來。

湯品調味都不會太鹹，所以隔餐我會把它改成醬煮鹹口味，成為另一道既下飯又營養的小菜。

醬煮苦瓜小魚

材料
苦瓜雞肉湯 1 碗、小魚乾 1 把、醬油 1.5 大匙、冰糖 1/4 匙、
蒜頭 3 顆、辣椒適量、青蔥 1 根、油 1 大匙

作法

1. 小魚乾洗淨，瀝乾水分。青蔥去根洗淨切末。
2. 辣椒洗淨切末。蒜頭去皮洗淨切片。
3. 剔下雞肉，用鐵叉刮出雞絲。
4. 炒鍋起鍋開小火，加入 1 大匙油爆香蒜片與蔥白。
5. 小魚乾下鍋炒乾水分，去除腥味。
6. 雞湯、醬油加入，小火滾煮小魚乾約 5 分鐘。
7. 苦瓜、雞絲、辣椒入鍋拌炒，吸收醬汁入味。
8. 加入蔥末拌勻即可。

蒸虱目魚肚

🥣 3 人份　　⏰ 20 分鐘

　　那一年兒子還沒出生，老公知道我很獨立，因此常到外地出差，除了管理工地，偶爾也當個小包商。只是這位先生時常上工十天就來電，催我把工作停了南下陪他，順便當個小雜工跑跑腿，晚上再帶我到處吃吃喝喝。

　　這道菜就是當時在熱炒店遇到的蒸虱目魚，我只吃過一次，感覺口味有些重，像紅燒又不確定，老公告訴我，老闆說是用蒸的，見他如此喜歡這道菜，回到台北後試著照做，雖然好吃但味道不對，也不是豆豉口味的問題。想想應該是辛香料炒過了，第二次試做，我用少許油先把辛香料炒過，再加入豆豉略炒，加水煮 3 分鐘出味後，把醬汁淋在生魚上蒸熟。

　　老公一吃開心地說：「就是這個味道沒錯！」多了前面的步驟，辛香料味道完全被釋放出來，還有快炒店加的應該是濕豆豉，味道也重了些，難怪吃起來像是紅燒的口感。

　　在此我沒炒辛香料，若你想試試看當然也可以，魚跟醬汁會更下飯，記得多煮一些飯免得到時欲罷不能！

材料：

虱目魚肚 1 片重約 350g~450g、豆豉 1 大匙、薑 1 小塊、
蒜頭 2 粒、紅辣椒少許、米酒 1 匙、九層塔 1 小把、
油 1/2 匙

作法：

1. 虱目魚肚洗淨，瀝除多餘水分。❶

   Tip｜使用整片或切塊都可以。

2. 薑洗淨切絲。蒜頭去皮洗淨切片。九層塔取
   葉片洗淨切絲。

3. 豆豉洗淨瀝乾。九層塔拌入 1/2 匙油備用。

   Tip｜使用濕豆豉不必清洗。

4. 取一深盤，鋪上 1/3 薑絲，1/3 豆豉。❷

5. 擺上虱目魚，淋米酒，攤開蒜片鋪上，加薑
   絲、豆豉及 1/3 杯水。❸

   Tip｜辣椒視個人喜好添加。

6. 電鍋置蒸架，擺上虱目魚蓋上不鏽鋼內鍋
   蓋。❹

7. 外鍋加 0.8 杯水，蓋電鍋蓋，按下電源開關
   蒸煮。

   Tip｜若虱目魚肚尺寸大於 600g，外鍋多加 1 杯水。

8. 加上九層塔。❺

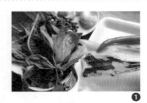

Amanda 的料理新吃法

+ recipe

煮過的豆豉是我的最愛，不管是蒸魚或炒苦瓜，端上桌就被搶空一大半，因為我家用的是來自屏東的客家豆豉，甘甜滋味超級下飯，要不是胃容量沒那麼大，肯定可以光配著豆豉就吃上兩碗飯。蒸魚時加上一點豆豉真的很甘甜，不過現在的孩子好像都不愛，幸好兒子只是不吃豆豉，蒸煮的魚還是很捧場。

豆豉魚煮豆腐

材料
豆豉魚湯汁、木綿豆腐 1 片、豆豉 1 匙、
青蔥 1 根、柴魚粉 1/2 匙、油 2 匙

作法

1. 豆豉洗淨瀝乾水。豆腐切 1cm 厚片。
2. 青蔥去根洗淨，蔥白切段，蔥綠切末。
3. 平底鍋開中小火，油入鍋燒熱，蔥白下鍋煎黃取出丟棄。
4. 豆腐下鍋油煎，改中火，翻面，將兩面煎成金黃色。
5. 豆豉下鍋，加 1 杯水煮開，改小火燜煮豆腐入味。
6. 加入豆豉魚湯汁煮熱，以柴魚粉調味，拌入青蔥末。

銀芽拌雞絲

🍚 3 人份　⏰ 20 分鐘

　　夏日就需要清爽料理，這道菜也是我夏天的最愛菜色之一，有時中午熱到完全沒食慾，就做上一盤，搭配的調味醬汁不僅開胃又爽口，取小碟食用，既有飽足感熱量也不會太高。

　　誰說雞胸肉不好吃呢？事實上，雞胸肉好吃與否的關鍵取決於你的料理和調味方式，很多人以為要蒸煮很久雞肉才會熟透，這是錯誤的想法，雞胸肉熟得很快，蒸太久口感當然就溜掉了。

　　挑選新鮮雞肉蒸煮，味道鮮甜不會乾溜，若是再加上自己孵的綠豆芽，更能吃得安心，配飯、配麵或者拌入乾麵食用，愛怎麼做、怎麼變化，隨心所欲也吃得更開心。

材料：

雞胸肉 1/2 個、綠豆芽菜 100g、
青蔥 1 根、紅辣椒適量、鹽 1/4 匙、
米酒 1 大匙、白胡椒粉

調味醬：

白芝麻醬 1 匙、日式醬油 2 匙、
味醂 1 匙、烏醋 1 匙、
蒸雞胸的高湯 5 匙

作法：

1. 綠豆芽挑除頭尾，洗淨。

   Tip 頭尾挑除較美觀，不挑除則能吃
   到更多營養。

2. 辣椒洗淨剖開去籽，切絲。❶、❷

3. 蔥洗淨切 8 cm 長段，直切細絲。❸

   Tip 蔥絲浸泡冷開水就會自然捲曲。❹

4. 雞胸肉切成兩片，抹鹽、米酒、白
   胡椒粉醃漬 10 分鐘。❺

5. 電鍋外鍋加 1/2 杯水，雞胸肉擺盤
   放入電鍋蒸熟。

   Tip 蒸煮時間約 10 分鐘，蒸煮出的湯汁
   留下來調醬汁。

6. 雞湯汁倒入碗中備用。❻

7. 趁熱，用叉子順著雞胸肉紋路刮成
   絲。❼

8. 電鍋外鍋加 1/2 杯水，內鍋擺入一
   大碗水加少許鹽煮開，汆燙銀芽 15
   秒，撈出。❽

   Tip 銀芽可浸泡冰開水保持脆度。

9. 將銀芽鋪於盤底，擺上雞胸肉、辣
   椒絲和蔥絲。

10. 淋上調味醬，攪拌均勻即可。❾

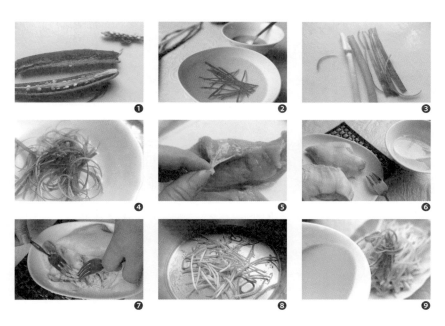

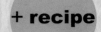

這道涼菜清爽可口，除了單吃還有其他食用方式，搭配涼麵就是一項不錯的選擇，不論是現做或是剩菜都有很好的表現，只需多準備一份醬汁，再刨些小黃瓜絲做搭配即可。

若想做不同創意的改造，以下這個方式可當早餐、上班族午餐，連假日外出野餐也可以做兩捲分食享用喔！

雞絲蛋包捲

材料
銀芽雞絲少許、溫涼白飯 1/3 碗、小黃瓜 1/4 條、雞蛋 1 顆、
熟白芝麻 1/4 匙、鹽 1/4 匙、太白粉 1/2 匙、油 1 匙

作法

1. 小黃瓜洗淨切寬條。雞蛋打散成蛋液。
2. 太白粉加 1 匙水拌開，與蛋液、鹽混合。
3. 平底鍋擦乾開小火，加入 1 匙油，用紙巾抹開。
4. 蛋液由中心入鍋，鍋子略微傾斜，順時鐘繞圈，讓蛋液均勻散開成圓形。
5. 鍋子擺平烘熟蛋液，熄火。鍋鏟從邊緣輕推蛋皮確認不沾黏，用手把整片蛋皮取出。
6. 白飯平鋪蛋皮上，邊緣留 1cm，銀芽雞絲及小黃瓜片擺上，均勻灑些白芝麻。
7. 邊緣捲起成圓柱形蛋捲，間隔 2cm 切一刀，擺盤。

古早味肉燥

🍚 10 人份　⏰ 80 分鐘

　　肉燥飯在台灣的小吃中應該能名列前三名，不過，我卻從未在外頭點過肉燥飯，除了不愛吃豬肉外，另一個重要的原因就是我自認自己煮的肉燥比市面上絕大部分的小吃攤要美味得多，這一點我可是相當有自信。因為這是父親教我做的第一道菜，並堅持用最傳統的古早做法，肉完全用手來切，因此口感非常好。

　　肉燥飯好吃的祕訣非常簡單，就是得具備充分的油脂及膠質，該有的食材完全不能省略，肉還要帶皮加點肥，最好能使用五花肉，不過全都五花又太油膩，因此我習慣一半五花肉加上一半梅花肉，摻在一起的口感既不乾澀也不至於太過油膩。熬好肉燥後，總會浮上一層厚厚的油脂，這時可讓它靜置一會，把上層飄浮的油脂撈除大半，不過這些香濃的油脂可別急著丟掉，將它留下來拌蔬菜，香氣可是會大大提升呢！

　　這道料理中，最麻煩的還是製作油蔥酥，不管再怎麼麻煩，我還是不愛買市售現成品，因為用量不小，所以我都會利用空檔時間多做一些放冷凍庫保存，一旦要煮肉燥或拌蔬菜，隨手就能拿出來使用，冷凍保存不但放得久，而且還能避免氧化產生油耗味，下回你也可以試試看囉。

材料：

帶皮五花肉 600g、梅花肉 300g、紅蔥酥 8 大匙、醬油 80～100cc、
冰糖 1 大匙、水 1200cc

作法：

1. 五花肉洗淨，切開上方較瘦部分，帶皮帶油部位
   及瘦肉分別直切成小丁，分開放置。**❶**、**❷**

2. 梅花肉洗淨片薄約 0.2～0.3cm 厚度，逆紋切小丁，
   與五花瘦肉一同放置。**❸**、**❹**

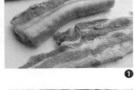

3. 電鍋外鍋洗淨擦乾水分，按下開關把鍋底燒熱，
   將帶皮帶油的五花肉下鍋翻炒。**❺**

> **Tip** | 鍋底一定要燒熱，肉下鍋才不會沾黏。

4. 五花肉約炒 10～12 分鐘，完全變色並釋出水分，
   再翻炒出油脂。

> **Tip** | 利用炒出的油脂再來炒瘦肉，就不用擔心沾黏
>   鍋底。

5. 加入梅花肉及五花瘦肉，翻炒到肉變色，再續炒
   約 5 分鐘帶出肉香。**❻**

6. 醬油、油蔥酥入鍋炒勻，續煮 3 分鐘待肉塊上醬
   色，飄出醬香。**❼**

7. 加水 1200~1300cc 和冰糖，蓋上鍋蓋煮開，開始計時。❽

> Tip　可準備計時器，避免忘記時間煮焦了。

8. 每熬煮 20 分鐘觀察一下，攪拌鍋底避免沾鍋甚至燒焦，滷肉燥時間至少 1 小時，若要肉的口感入口即化則需要 1.5 小時。❾

> Tip　熬煮時間長，醬汁會濃縮得更少，可於一開始就多加 100~200cc 水。

炸油蔥酥

材料：

紅蔥頭 20 顆、油 6 大匙

> **附注**
>
> 若使用油量不多，油炸好幾乎不會剩下多餘油脂；使用油量較多則最好把油瀝出，避免高油溫把蔥酥泡焦。

作法：

1. 紅蔥頭泡水 5 分鐘讓外皮軟化。
2. 剝除外層薄膜，洗淨，切除頭尾，直切或橫切成片狀。
3. 電鍋外鍋洗淨擦乾水分，啟動電源開關。
4. 油入鍋，冷油時即將紅蔥頭加入，間隔 10 幾秒攪拌一次。
5. 當蔥頭有香氣飄出、顏色開始轉換時，以慢速持續攪拌不能停歇。
6. 顏色開始加深，電鍋開關會自動跳起，此時不需再啟動開關，只要維持保溫狀態拌炒。
7. 拌炒完成即刻拔除電源，取出油蔥酥吹涼。

+ recipe

　　肉燥幾乎是百搭，擺到哪裡都不突兀，拌飯、拌麵、拌米粉以及蔬菜，就連煮蛋花湯或蔬菜湯都可以撈個幾匙進去，大大提升料理的美味，也難怪在台灣小吃中有著如此重要的地位。

　　但綠色蔬菜容易吸油脂，拌肉燥雖然美味，卻也容易一不小心把油全都吃下肚，豆芽菜得吸油量會少一些，也可以竹筍或茭白筍來做替換。

肉燥炒黃豆芽

材料
肉燥加湯汁 2 大匙、黃豆芽約 200g、胡蘿蔔 1 小段、蔥 1 根、
蒜頭 2 粒、紅辣椒少許、胡椒粉少許

作法

1.　黃豆芽挑除根部，洗淨。胡蘿蔔去皮切絲。
2.　蔥去根洗淨切末。辣椒洗淨切末。蒜頭去皮切末。
3.　炒鍋加入蒜末、水約 2/3 杯，開中火煮開。
4.　黃豆芽、胡蘿蔔絲、辣椒下鍋煮熟。
5.　肉燥及湯汁、胡椒粉加入翻炒均勻，水滾一會兒後，
　　灑上蔥末拌勻即可。

麻油雞酒

🍚 4 人份　　⏰ 50 分鐘

　　在台灣夜市，每到冬天都能聞到麻油雞酒香，這道國民藥膳美食在台灣小吃界也是赫赫有名。從小家中最常煮的也是這道，全酒煮的雞湯味道非常濃郁，酒味濃到我只敢吃雞肉，吃完也都三分醉了。

　　傳統作法要以全酒來煮，只是若沒久煮讓酒精散去，實在不適合小孩子食用，因此兒子小時候我多改為半酒水，給他吃的另外取出再煮到完全無酒精成分，不過兒子一直不愛藥膳，我也就省下這些手續，改用全酒來煮味道也更佳。

　　原本冬天常煮的藥膳還有薑母鴨、羊肉爐、燒酒雞或燒酒蝦，每一道或多或少都需要加入中藥材，因老公多年前罹患類風濕性關節炎，不宜食用增強免疫力的食物，更不宜吃藥膳，所以這些藥膳我全都改成不加中藥、只加入大量薑以及醫師說過可以吃的紅棗和枸杞，而且由於老公不宜飲酒，只好盡量把酒味煮淡一些，其實酒精成分太高我也不敢吃，這樣煮也正合我意。

材料：

帶骨仿土雞腿 1 隻（約 700g）、老薑 80~100g、黑麻油 3 大匙、紅棗 6 顆、料理米酒 3 瓶、冰糖 1/2 匙

作法：

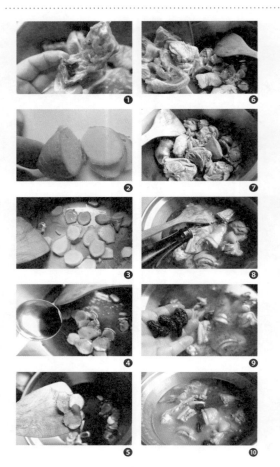

1. 雞肉切塊，切除油脂洗淨。❶

   Tip | 骨頭縫可能藏有血塊，必須挖除。

2. 老薑用軟刷洗刷乾淨外層泥土，不去皮，切薄片。❷

   Tip | 老薑接縫的髒污若洗不乾淨直接切除。

3. 紅棗洗淨，泡水 30 分鐘，劃開幾刀。

   Tip | 劃幾刀才能煮出紅棗甜味。

4. 外鍋洗淨擦乾水分，開啟電源烘乾鍋底。

5. 麻油及薑片下鍋煸炒，炒到薑片外側呈微焦捲曲。❸、❹、❺

6. 雞肉塊下鍋翻炒，確認沒有血色。❻、❼

7. 加米酒 2.5 瓶和紅棗，蓋上鍋蓋，計時 20 分鐘。❽、❾

   Tip | 直接煮較容易釋放出骨頭甜味。

8. 麻油雞盛入內鍋再加入剩下的米酒，外鍋加 1 杯水燉煮。❿

   Tip | 改用燉煮方式，湯汁不會再濃縮減少。

9. 喜愛酒味濃一點的，起鍋可再加入50~100cc 米酒。

   Tip | 炒過麻油後加鹽易有苦味，若吃不慣，可準備醬油沾食雞肉。

Amanda 的料理新吃法

+ recipe

麻油雞飯的前置作業跟麻油雞相同，味道也類似，這裡把吃不完的雞湯肉塊直接拿來煮麻油雞飯，還能省卻炒料步驟，不過肉塊口感可能會稍稍變澀，大體而言味道仍然差不多。此外，因為不需炒料，含油量較少，不建議再增添麻油，偶爾吃得清爽些也更健康，況且使用濃郁雞湯煮出來的飯甜度高，自然會讓人忽略其他不足的地方。這裡我把米飯煮軟一些，因此水量可略微增加，但也不需要加到 1：1，免得煮出一鍋糊狀麻油飯。

麻油雞飯

材料
麻油雞湯 1.5 杯、麻油雞肉數塊、白米 2 杯、高麗菜丁 1 碗、鹽 1/3 匙

作法

1. 白米洗淨用漏勺瀝乾水分，加入麻油雞湯浸泡 30 分鐘。
2. 取下麻油雞肉，剝成塊，不去骨也可以。高麗菜洗淨切大丁。
3. 浸泡 30 分鐘的糯米加鹽攪拌均勻，另可加入 1 大匙米酒增添香氣。
4. 高麗菜丁鋪放在米上，再加入雞肉塊。
5. 直接擺入電子鍋煮熟，燜 10 分鐘。或是用電鍋外鍋 1 杯水煮熟，一樣要燜。
6. 煮好米飯只要攪拌均勻即可食用。

冬瓜蒸蛤蜊

🍚 3 人份　⏰ 35 分鐘

　　冬瓜是很奧妙的瓜果，除了水分多之外，本身味道很淡，所以非常適合搭配各種食材做料理，也適合甜食，知名的冬瓜茶或冬瓜露，主角就是冬瓜。

　　性質清熱消暑的冬瓜夏天可多食，熬煮冬瓜露最好連皮帶籽，才能完全喝到冬瓜的營養，中醫說法冬瓜皮有消脂利水功效，但前提是必須把皮上的濃毛刷洗乾淨才行。

　　除了冬瓜茶和冬瓜露以外，平常也可燉燉冬瓜排骨湯、冬瓜蛤蜊湯等湯品，冬瓜蒸海鮮因為不含油脂，吃起來很清爽，喜愛濃郁口味可與豬肉一起滷，或是加絞肉做成肉燥，既下飯更少些油膩感。

　　媽媽長年吃早齋，退休後固定初一、十五吃素，偶爾我會特別幫她做些素菜，夏天自然少不了冬瓜料理，簡單又好吃，只需加入醬油、薑絲和少許冰糖，如果覺得香味不夠，也可以再泡上幾朵乾香菇切塊加入，滷好的冬瓜不僅清爽無負擔也很下飯。

材料：

冬瓜 300g、蛤蜊 300g、嫩薑 1 小塊、蔥 1 根、醬油 1 匙、柴魚粉 1/2 匙、油 1/2 匙

作法：

1. 取 2 顆蛤蜊互相敲擊，確認沒有空洞聲音，洗淨浸泡鹽水中 2~4 小時，吐沙完成再次洗淨。

   Tip｜敲擊確認沒有死蛤蜊再做浸泡，此步驟千萬別省略。

2. 冬瓜去皮去籽，洗淨切厚度約 0.3 cm 片狀。❶

3. 嫩薑洗淨切絲。蔥去根後洗淨切末。❷

4. 取一深盤擺入冬瓜片。❸

   Tip｜冬瓜片平均攤開較容易蒸熟。

5. 醬油與 100cc 水拌勻，均勻淋入冬瓜，蓋上內鍋蓋。❹

6. 擺入電鍋，外鍋加 1~1.2 杯水蒸熟冬瓜。❺、❻

   Tip｜視冬瓜厚度不同增減時間。

7. 掀開內鍋蓋，加入柴魚粉、薑絲、油浸入湯汁，鋪上蛤蜊，外鍋加半杯水。❼、❽

   Tip｜蛤蜊平均攤開擺放。

8. 再次啟動電源蒸熟蛤蜊，灑入蔥末即完成。❾

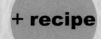

Amanda 的料理新吃法

　　冬瓜蛤蜊油脂不多，如果一餐沒吃完，下一餐時可搭配帶些油脂的食材。因此我特別設計了古早味蛋酥，相信很多人都吃過蛋酥，卻不曉得它是怎麼做的，作法非常簡單，用油量也沒有想像中的誇張。一般都會把蛋酥加入大白菜熬煮，也曾吃過火鍋加有大量蛋酥，估計那些量至少有幾十顆吧，就算是七、八個人一起吃，蛋的量還是太多了，膽固醇不衝破防線都難。在健康的前提下，希望不管再怎麼好吃，大家都還是「適量」就好。

蛋酥煮冬瓜

材料
冬瓜蛤蜊少許、雞蛋 1 顆、油 3 大匙、鹽 1/6 匙、胡椒粉少許、蔥末 1 匙

作法

1. 蛤蜊取下蛤蜊肉。冬瓜分切 2~3 塊。雞蛋打成蛋液。
2. 炒鍋加入 3 大匙油，中大火燒熱，溫度略高一些。
3. 取一大孔漏勺，懸空於炒鍋上，蛋液緩慢倒入，漏勺輕輕搖擺別讓蛋液集中。
4. 倒完蛋液，快速用鍋鏟攪拌鍋底，把蛋攪拌開來。
5. 此時油脂已全被蛋吸收，持續炸到雞蛋香酥，油脂又會釋放出來。
6. 取出蛋酥擺入乾淨漏勺，按壓蛋酥把多餘的油脂擠壓出來。
7. 鍋中油倒出。同鍋擺進蛋酥、冬瓜，加水半杯、鹽和胡椒粉。
8. 中小火煮開拌炒蛋酥入味，燒乾醬汁，加入蛤蜊肉及蔥末拌勻。

肉醬炒麵

🍜 3 人份　⏰ 35 分鐘

　　西洋料理中有道著名的肉醬義大利麵，其主要調味醬使用的就是肉醬，或許是我不愛豬肉的關係，感覺再新鮮的肉多少還是帶了點肉腥味，因此除肉末、洋蔥外，我還會添加許多辛香料及香草，不過老公很怕香草的味道，所以煮這道肉醬我就不加香草，所幸其他辛香配料他倒是很喜歡。每次燉煮時滿室生香，老公總會說光聞這氣味就覺得肚子好餓呢！

　　不過這可不是一道「急得來」的料理，熬煮時間足夠才能將洋蔥煮化、肉末煮軟。一般來說，至少需要等上 30 分鐘才能吃到，可真夠煎熬的！

　　為了減少這煎熬的等候時間，我會一次煮好三倍分量，等涼透再分裝擺進冷凍庫備用，既省能源也省時間。估算出吃的次數和分量後，一次煮好、多煮一些，想吃的時候直接加熱就能立即享用，非常方便。

材料：

....

絞肉 200g、洋蔥 1 大顆、胡蘿蔔 1 小塊、蒜頭 5 粒、青江菜 1 把、細油麵 300g、醬油 2 大匙、番茄醬 1.5 大匙、粗粒黑胡椒 1 匙、白胡椒 1/2 匙、油 2 大匙

作法：

....

1. 洋蔥去皮洗淨，切丁。蒜頭去皮洗淨，切末。胡蘿蔔去皮切丁。

> **Tip** │ 肉醬會帶有洋蔥甜味，喜愛湯汁甜一點的可多加 1 顆洋蔥。

2. 青江菜切除根部，洗淨切丁。❶
3. 電鍋外鍋洗淨擦乾，開啟電源。
4. 油下鍋，加入蒜末、洋蔥炒香，推至鍋邊。❷
5. 絞肉入鍋翻炒變色，與洋蔥一起拌炒至出水。❸、❹

> **Tip** │ 電鍋溫度不高，因此需多炒一會兒。

6. 加入胡蘿蔔丁、番茄醬、醬油、黑胡椒、白胡椒炒勻，加水 2.5 杯熬煮。❺
7. 食材熬煮熟軟，醬汁僅剩約 1/2，加入麵條拌炒。❻

> **Tip** │ 醬汁若不足需加熱水，避免溫度降低影響麵條口感。

8. 麵條若已吸收醬汁，加入青江菜梗炒勻，再加菜葉。❼
9. 試吃味道若足夠即可取出。

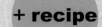

＋ recipe

　　炒一大盤麵剩下一小碗這應該是常有的事，麵條若再加熱蒸煮會變得濕軟，改用油煎或烘烤減少水分，反能改善加熱後口感濕軟的情形。這裡使用的是煎餅方式，除了麵條口感可維持 Q 彈，油煎香酥，餅皮也有加分作用，能讓這塊麵煎餅更加可口美味。

肉醬麵煎餅

附注

喜愛沾醬則麵糊不加鹽，再沾少量番茄醬食用。

材料
肉醬炒麵 1 小碗、雞蛋 1 顆、中筋麵粉 3 大匙、鹽 1/5 匙、
胡椒粉少許、油 1 大匙

作法

1. 肉醬不加熱，用剪刀把麵條剪短，加入雞蛋拌勻。
2. 麵粉分批加入成濃稠狀，不需加水，加鹽、胡椒粉拌勻。
3. 平底鍋加油 1 大匙，麵糊入鍋整形，厚度約 1cm。
4. 以中火煎麵糊，單面煎約 2 分鐘翻面，兩面煎至金黃。
5. 起鍋切片食用，煎餅味道若足夠不建議再沾醬。

黃瓜鑲雙鮮

🍚 6 人份　⏰ 40 分鐘

　　瓜藤攀著竹架蜿蜒而上，藤架下掛滿大小不一的大黃瓜，是我童年時的鄉村記憶，但居住在都市的人是很難把這個畫面與日常生活聯想在一起的。

　　爸媽平時不捨得讓我們下田，但總有農忙的時候，因此在蔬果量產時需要我們幫忙除草，那時的農家沒有多餘閒錢購買農藥除草，頂多噴灑少量殺蟲劑避免蔬果被蟲啃食，雜草叢生時就只能趴或蹲在農地上拔草。是的，我沒說錯，不噴藥也不拿刀，就只用手來拔草。

　　因此從小吃的大黃瓜都是爸媽種的安心蔬菜，黃瓜若長得好就送往村口果菜市場銷售，長得歪七扭八就帶回家自己吃。我們家都愛生食大黃瓜，它水分多卻沒特殊味道，盛一小碟砂糖沾著吃就能當水果食用，整個夏天都不怕沒有水果吃。

材料：

....

大黃瓜 1 條、細絞肉 150g、帶殼鮮蝦 6 隻、蔥 2 根、胡蘿蔔末 1 大匙、
嫩薑末 1 匙、白胡椒少許、鹽 1/2 匙、柴魚粉少許、太白粉 1 匙、香油適量

作法：

....

1. 大黃瓜去皮，橫切 3cm 厚圈狀，挖除籽囊。❶

   Tip 若無挖籽囊工具，可取鐵湯匙柄挖除。

2. 鮮蝦去殼，抽除腸泥，洗淨擦拭多餘水分，切丁。

3. 蔥去根，洗淨切末。

4. 絞肉加入蝦丁、蔥末、薑末、胡蘿蔔、鹽和柴魚粉。❷

5. 湯勺按壓絞肉餡料拌勻，繞圈拌到黏稠不散開。❸

   Tip 肉按壓再攪拌即能產生黏性。

6. 黃瓜圈置放掌心，挖一大匙絞肉填入，按壓。❹

   Tip 肉餡必須確實附著黃瓜邊緣，才不會分離掉落。

7. 填塞完每個黃瓜圈，肉餡高度需與黃瓜平行。❺

8. 外鍋加 1 杯水，置放蒸架，黃瓜圈入鍋，先蓋內鍋蓋，再蓋上電鍋蓋。❻

9. 啟動電源開關蒸熟。

10. 夾出黃瓜圈擺盤，鍋底湯汁倒入碗中，太白粉調水淋入勾芡。❼

11. 外鍋再加水 1/3 杯煮開，攪拌高湯成濃稠狀，加少許鹽調味，滴入適量香油。

12. 芡汁淋入黃瓜圈，取 1 株香菜洗淨切末灑上。

+ recipe

　　這道飯湯是鄉村地區家家會做的簡單菜餚，每一家都有自己的作法，最基本的有雞肉、魚肉或其他海鮮，竹筍、高麗菜或大白菜，再加些芹菜、胡椒提香。媽媽習慣在湯裡加一些酸菜，而我們從小吃到大，也習慣了加有酸菜的飯湯，沒了這一味還真吃不慣。

　　甚麼時候會煮這道菜呢？農忙時、喜宴以及家中有人往生非常忙碌時，就會做這道飯湯，因為煮上一鍋有肉、有海鮮及蔬菜的綜合湯，再準備一鍋白飯就能填飽一群人的五臟廟。

古早味飯湯

材料

雙鮮鑲肉 2 個、無刺魚肉 1 片、蛤蜊 10 顆、高麗菜 1 小塊、魚丸 3 顆、球狀酸菜 2 片、嫩薑 1 小塊、芹菜 1 棵、鹽少許、柴魚粉 2 大匙、胡椒粉少許

作法

1. 蛤蜊浸泡淡鹽水 2 小時吐沙，洗淨。
2. 雙鮮鑲肉切小塊。魚肉洗淨切塊。
3. 薑洗淨切絲。酸菜洗淨切短絲。
4. 高麗菜洗淨切大丁。芹菜去根去葉，洗淨切段。
5. 準備一小鍋水加入高麗菜，水滾加酸菜續煮 5 分鐘。
6. 加蛤蜊煮開，續加魚肉、魚丸及雙鮮鑲肉再煮開。
7. 加入芹菜、薑絲、鹽、柴魚粉，再滾約 2 分鐘即可。

EXTRA VIRGIN OLIVE OIL

Amanda

推薦橄欖油的三大秘密

- 嚴選早摘果實
- 兩小時內現摘現榨
- 深色瓶身＋抗氧化瓶口

這也是西班牙王室御用油的秘密喔～

ORO BAILEN 皇嘉

皇嘉橄欖油 │ 客服專線：07-335-5869 │ www.wko.com.tw

f 皇嘉橄欖油 🔍

國家圖書館出版品預行編目資料

電鍋料理王：飯麵鹹點、湯品甜食、家常料理、大宴小酌……廚房大小菜，電鍋就能做！／Amanda著：. ── 初版. ── 臺中市：晨星，2016.04
　　面；　公分. ──（健康與飲食；95）
　ISBN 978-986-443-107-6（平裝）

1.食譜

427.1　　　　　　　　　　　　　　　　105000872

健康與飲食 95

電鍋料理王

飯麵鹹點、湯品甜食、家常料理、大宴小酌……
廚房大小菜，電鍋就能做！

作者	Amanda
攝影	子宇影像工作室
主編	莊雅琦
編輯	張德芳
特約編輯	何錦雲
美術編輯	曾麗香
負責人	陳銘民
發行所	晨星出版有限公司
	台中市407工業區30路1號
	TEL：(04)23595820　FAX：(04)23550581
	E-mail: health119@morningstar.com.tw
	http://www.morningstar.com.tw
	行政院新聞局局版台業字第2500號
法律顧問	甘龍強律師
承製	知己圖書股份有限公司　TEL：(04)23581803
初版	西元2016年4月20日
郵政劃撥	22326758（晨星出版有限公司）
讀者服務專線	（04）23595819＃230
印刷	啟呈印刷股份有限公司・(04) 23110121

定價 299 元
ISBN 978-986-443-107-6

Published by Morning Star Publishing Inc.
Printed in Taiwan
版權所有・翻印必究
（缺頁或破損的書，請寄回更換）

◆ 讀者回函卡 ◆

以下資料或許太過繁瑣，但卻是我們瞭解您的唯一途徑
誠摯期待能與您在下一本書中相逢，讓我們一起從閱讀中尋找樂趣吧！

姓名：＿＿＿＿＿＿＿＿＿＿　性別：□ 男　□ 女　生日：　　／　　／

教育程度：□ 小學 □ 國中 □ 高中職 □ 專科 □ 大學 □ 碩士 □ 博士

職業：□ 學生 □ 軍公教 □ 上班族 □ 家管 □ 從商 □ 其他＿＿＿＿＿＿＿＿＿

月收入：□ 3萬以下 □ 4萬左右 □ 5萬左右 □ 6萬以上

E-mail：＿＿＿＿＿＿＿＿＿＿＿＿＿＿　聯絡電話：＿＿＿＿＿＿＿＿＿＿

聯絡地址：□□□＿＿＿＿＿＿＿＿＿＿＿＿＿＿＿＿＿＿＿

購買書名：電鍋料理王

‧請問您是從何處得知此書？

□書店 □報章雜誌 □電台 □晨星網路書店 □晨星健康養生網 □其他＿＿＿＿

‧促使您購買此書的原因？

□封面設計 □欣賞主題 □價格合理 □親友推薦 □內容有趣 □其他＿＿＿＿＿

‧看完此書後，您的感想是？

＿＿＿＿＿＿＿＿＿＿＿＿＿＿＿＿＿＿＿＿＿＿＿＿＿＿＿＿＿＿＿＿＿

‧您有興趣了解的問題？ (可複選)

□ 中醫傳統療法 □ 中醫脈絡調養 □ 養生飲食 □ 養生運動 □ 高血壓 □ 心臟病

□ 高血脂 □ 腸道與大腸癌 □ 胃與胃癌 □ 糖尿病 □內分泌 □ 婦科 □ 懷孕生產

□ 乳癌／子宮癌 □ 肝膽 □ 腎臟 □ 泌尿系統 □攝護腺癌 □ 口腔 □ 眼耳鼻喉

□ 皮膚保健 □ 美容保養 □ 睡眠問題 □ 肺部疾病 □ 氣喘／咳嗽 □ 肺癌

□ 小兒科 □ 腦部疾病 □ 精神疾病 □ 外科 □ 免疫 □ 神經科 □ 生活知識

□ 其他＿＿＿＿＿＿＿＿＿＿＿＿＿＿＿＿＿＿＿＿＿＿＿＿＿＿＿＿＿

□ 同意成為晨星健康養生網會員

以上問題想必耗去您不少心力，為免這份心血白費，請將此回函郵寄回本社或傳真
至（04）2359-7123，您的意見是我們改進的動力！

晨星出版有限公司 編輯群，感謝您！

享健康 免費加入會員‧即享會員專屬服務：
【駐站醫師服務】免費線上諮詢Q&A！
【會員專屬好康】超值商品滿足您的需求！
【每周好書推薦】獨享「特價」＋「贈書」雙重優惠！
【VIP個別服務】定期寄送最新醫學資訊！
【好康獎不完】每日上網獎紅利、生日禮、免費參加各項活動！

即日起至2016年6月30日前〈郵戳為憑〉
填妥背面讀者回函卡，並附郵資65元寄回，即可獲得

限時好禮
送給您！

西班牙王室御用
皇家級 Picual 王室御用橄欖油 乙瓶 (100ml)

限量200瓶，送完為止

活動需附65元郵資，郵戳為憑，先
搶先贏。贈品將於2016年6月開始
陸續寄送，如有相關問題，請撥打
(04)2359-5258詢問。

更多活動詳情：

 贊助提供

市價350元

晨星健康養生網　　fb 粉絲團